省部级课程思政示范项目建设新形态教材

建筑装饰工程
计量与计价

主　编　包永刚
副主编　蔡小超　刘全升
主　审　冀小辉

黄河水利出版社
·郑州·

内 容 提 要

本书是省部级课程思政示范项目建设新形态教材,依托“老人之家”建筑装饰项目真实场景,以典型工作任务为载体,融入家国情怀、劳动精神、工匠精神、职业技能、职业道德等课程思政元素,传授科学文化与专业知识,培养技术技能。全书共分建筑装饰工程计量与计价基础知识、楼地面装饰工程、墙柱面装饰工程、天棚装饰工程、门窗工程、油漆涂料裱糊工程、措施项目、造价文件编制 8 个项目、32 个任务,紧扣规范、结合实际、简明扼要,内容的深度和难度符合职业教育的特点。

本书可作为高职高专院校建筑装饰工程技术专业的教学用书,也可作为工程造价技术人员的参考书。

图书在版编目(CIP)数据

建筑装饰工程计量与计价 / 包永刚主编. -- 郑州：黄河水利出版社, 2025. 1. - -（省部级课程思政示范项目建设新形态教材）. -- ISBN 978-7-5509-4128-1

I. TU723. 3

中国国家版本馆 CIP 数据核字第 2025MF1267 号

出版顾问:王路平　电话:0371-66022212　E-mail:hhslwlp@163.com
组稿编辑:韩莹莹　66025553　1025524002@qq.com

责任编辑:李晓红　责任校对:王单飞　封面设计:张心怡　责任监制:常红昕

出版发行:黄河水利出版社

地址:河南省郑州市顺河路 49 号　邮政编码:450003
网址:www.yrcp.com　E-mail:hhslcbs@126.com
发行部电话:0371-66020550、66028024

承印单位:河南承创印务有限公司

开本:787 mm×1 092 mm　1/16

印张:15.25

字数:360 千字

版次:2025 年 1 月第 1 版　印次:2025 年 1 月第 1 次印刷

定价:49.00 元

前　言

建筑装饰工程计量与计价是建筑装饰工程技术专业的一门实践性很强的专业技能课。为提高学生的综合素养和职业岗位技能，本书在编写过程中，以学生学习路径为主线，通过提出任务、分析任务、解析任务，展开具体知识技能点，构建知识图谱，体现职业教育教学的特点。本书理论联系实际，综合运用建筑工程计价的理论知识，精选内容，突出实用性、科学性、可操作性、创新性的教材特色，具有以下特点：

1. 教材结合现行的规范、标准，以实际任务为载体，具有先进性和实用性。

紧密结合《建设工程工程量清单计价规范》(GB 50500—2013)、《房屋建筑与装饰工程工程量计算规范》(GB 50854—2013)等规范、标准和建筑装饰工程实际，坚持课程内容的理论知识与实操训练有机结合，符合职业院校的教学模式和学生学习特点。

2. 注重课程思政，以"三全育人"为目标，突出学习方法的培养和科学思维的锻炼。

提取思政元素，精心设定思政目标，将人生哲理、价值体系、职业素养融入教材，引导学生树立正确的人生观、世界观、价值观、劳动观，培养学生诚实守信、公平公正、敢于实践、敢于创新的职业精神和科学的思维方法。

3. 教材按照"学、做、教"一体化的编排，体现了"项目引领、任务驱动"，突出可操作性、创新性。

基于工作过程的项目教学实施，教材注重对工程量清单计量与计价实践操作能力的培养，以提出任务、分析任务、解析任务为关键线路，提供匹配的学习目标和思政要点，给予资源支撑，配合技能训练和拓展学习，完成知识和技能的学习、任务的解决。通过学后反思，查找不足，巩固优势。

本书由河南水利与环境职业学院包永刚担任主编，河南水利与环境职业学院的蔡小超和刘全升担任副主编，参加编写的人员还有河南水利与环境职业学院陈瑞瑞、杨延艳、马丽丽，河南大观建设发展有限公司李建民，河南全森装饰工程有限公司崔新红。具体编写分工为：包永刚编写项目1任务1.1，蔡小超编写项目1任务1.2、任务1.3及项目3，陈瑞瑞编写项目2和项目8任务8.1，杨延艳编写项目4和项目8任务8.2，刘全升编写项目5、项目6任务6.1及任务6.2，李建民编写项目6任务6.3，马丽丽编写项目7，崔新红编写附录。全书由包永刚统稿，由河南省第一建设集团有限责任公司正高级工程师冀小辉担任主审。

本书在编写过程中引用了大量的规范、专业文献和资料，在本书中未一一注明出处，在此对有关作者深表感谢！并对所有支持和帮助本书编写的人员表示谢意！

限于编者的水平，书中难免存在不足之处，恳切希望广大读者批评指正。

编　者

2024 年 6 月

目 录

项目1 建筑装饰工程计量与计价基础知识

任务1.1 导 学

【任务描述】

依托"老人之家"项目,了解建筑装饰工程项目,理解工程造价的含义及计价原理,掌握建筑安装工程费用构成。

【学习目标】

1. 了解建筑装饰工程项目。
2. 理解工程造价的含义及计价原理。
3. 掌握建筑安装工程费用构成。

【思政要点】

1. 感知居住环境的发展,增强专业认同感,激发专业学习兴趣。
2. 学习知识的同时谨记职业技能和素养的重要性。

【任务分析】

1. 调研建筑装饰工程项目

收集建筑装饰类型的资料,并按表1-1格式列出。

表1-1 建筑装饰类型

编号		家庭居室	商业门店	展馆展厅	老年日间照料中心	家装展厅	其他
1	楼地面						
2	墙柱面						
3	天棚						
4	门窗						
5	油漆涂料裱糊						

2. 工程造价的含义及计价原理

查阅文献,概述工程造价的含义,理解工程计价的原理。

3. 建筑安装工程费用构成

根据住房和城乡建设部、财政部颁布的《关于印发〈建筑安装工程费用项目组成〉的通知》(建标〔2013〕44号),按费用构成要素划分和造价形成划分梳理建筑安装工程费用的构成。

【知识资源】

1.1.1 工程造价概述

1.1.1.1 工程造价的含义

工程造价是指在建设期预计或实际支出的建设费用。其基本构成包括用于购买工程项目所含各种设备的费用、用于建筑施工和安装施工所需支出的费用、用于委托工程勘察设计应支付的费用、用于获取土地使用权所需的费用,也包括用于建设单位自身进行项目筹建和项目管理所花费的费用等。

1.1.1.2 工程计价原理

(1)利用函数关系对拟建项目的造价进行类比匡算。

(2)分部组合计价原理。

工程计价的基本原理是项目的分解和价格的组合,即将建设项目自上而下细分至最基本的构造单元(假定的建筑安装产品),采用适当的计量单位计算其工程量,以及当时当地的工程单价,首先计算各基本构造单元的价格,再对费用按照类别进行组合汇总,计算出相应工程造价。

工程计量工作包括工程项目的划分和工程量的计算。工程组价包括工程单价的确定和总价的计算。

工程单价是指完成单位工程基本构造单元的工程量所需要的基本费用,包括工料单价和综合单价。

1.1.2 按费用构成要素划分建筑安装工程费用项目构成

我国现行建筑安装工程费按费用构成要素由人工费、材料费、施工机具使用费、企业管理费、利润、规费和税金组成。

1.1.2.1 人工费

人工费是指支付给直接从事建筑安装工程施工作业的生产工人的各项费用。计算人工费的基本要素有两个,即人工工日消耗量和人工日工资单价。

(1)人工工日消耗量。是指在正常施工生产条件下,完成规定计量单位的建筑安装产品所消耗的生产工人的工日数量。

(2)人工日工资单价。是指直接从事建筑安装工程施工的生产工人在每个法定工作日的工资、津贴及奖金等。

1.1.2.2 材料费

材料费是指工程施工过程中耗费的各种原材料、半成品、构配件、工程设备的费用,以及周转材料等的摊销、租赁费用。计算材料费的基本要素是材料消耗量和材料单价。

(1)材料消耗量。是指在正常施工生产条件下,完成规定计量单位的建筑安装产品所消耗的各类材料的净用量和不可避免的损耗量。

(2)材料单价。是指建筑材料从其来源地运到施工工地仓库直至出库形成的综合平均单价,由材料原价、运杂费、运输损耗费、采购及保管费组成。

(3)工程设备。是指构成或计划构成永久工程一部分的机电设备、金属结构设备、仪器装置及其他类似的设备和装置。

1.1.2.3　施工机具使用费

施工机具使用费是指施工作业所发生的施工机械、仪器仪表使用费或其租赁费。

(1)施工机械使用费。是指施工机械作业发生的使用费或租赁费。构成施工机械使用费的基本要素是施工机械台班消耗量和施工机械台班单价。

施工机械台班单价通常由折旧费、检修费、维护费、安拆费及场外运费、人工费、燃料动力费和其他费组成。

(2)仪器仪表使用费。是指工程施工所需使用的仪器仪表的摊销及维修费用。

1.1.2.4　企业管理费

1. 企业管理费的内容

企业管理费是指建筑安装企业组织施工生产和经营管理所需的费用。内容包括:

(1)管理人员工资。是指按规定支付给管理人员的计时工资、奖金、津贴补贴、加班加点工资及特殊情况下支付的工资等。

(2)办公费。是指企业管理办公用的文具、纸张、账表、印刷、邮电、书报、办公软件、现场监控、会议、水电、烧水和集体取暖降温(包括现场临时宿舍取暖降温)等费用。

(3)差旅交通费。是指职工因公出差、调动工作的差旅费、住勤补助费,市内交通费和误餐补助费,职工探亲路费,劳动力招募费,职工退休、退职一次性路费,工伤人员就医路费,工地转移费及管理部门使用的交通工具的油料、燃料等费用。

(4)固定资产使用费。是指管理和试验部门及附属生产单位使用的属于固定资产的房屋、设备、仪器等的折旧、大修、维修或租赁费。

(5)工具用具使用费。是指企业施工生产和管理使用的不属于固定资产的工具、器具、家具、交通工具和检验、试验、测绘、消防用具等的购置、维修和摊销费。

(6)劳动保险和职工福利费。是指由企业支付的职工退职金、按规定支付给离休干部的经费,集体福利费、夏季防暑降温费、冬季取暖补贴、上下班交通补贴等。

(7)劳动保护费。是企业按规定发放的劳动保护用品的支出,如工作服、手套、防暑降温饮料的费用及在有碍身体健康的环境中施工的保健费用等。

(8)检验试验费。是指施工企业按照有关标准规定,对建筑以及材料、构件和建筑安装物进行一般鉴定、检查所发生的费用,包括自设试验室进行试验所耗用的材料等费用。

(9)工会经费。是指企业按《中华人民共和国工会法》规定的全部职工工资总额比例计提的工会经费。

(10)职工教育经费。是指按职工工资总额的规定比例计提,企业为职工进行专业技术和职业技能培训,专业技术人员继续教育、职工职业技能鉴定、职业资格认定及根据需要对职工进行各类文化教育所发生的费用。

(11)财产保险费。是指施工管理用财产、车辆等的保险费用。

(12)财务费。是指企业为施工生产筹集资金或提供预付款担保、履约担保、职工工资支付担保等所发生的各种费用。

(13)税金。是指除增值税之外的企业按规定缴纳的房产税、非生产性车船使用税、土地使用税、印花税、消费税、资源税、环境保护税、城市维护建设税、教育费附加、地方教育附加等各项税费。

(14)其他管理费。包括技术转让费、技术开发费、投标费、业务招待费、绿化费、广告费、公证费、法律顾问费、审计费、咨询费、保险费等。

2. 企业管理费的计算方法

企业管理费一般采用取费基数乘以费率的方法计算,取费基数有三种,分别是:以直接费为计算基础、以人工费和施工机具使用费合计为计算基础及以人工费为计算基础。

工程造价管理机构在确定计价定额中的企业管理费时,应以定额人工费或定额人工费与施工机具使用费之和作为计算基数,其费率根据历年积累的工程造价资料,辅以调查数据确定。

1.1.2.5　利润

利润是指施工企业完成所承包工程获得的盈利,由施工企业根据企业自身需求并结合建筑市场实际自主确定。

1.1.2.6　规费

规费是指按国家法律、法规规定,由省级政府和省级有关权力部门规定施工单位必须缴纳或计取的费用。主要包括社会保险费、住房公积金。

(1)社会保险费。包括养老保险费、失业保险费、医疗保险费、生育保险费、工伤保险费。

(2)住房公积金。企业按规定标准为职工缴纳的住房公积金。

1.1.2.7　税金

税金就是增值税,按税前造价乘以增值税税率确定。税前造价为人工费、材料费、施工机具使用费、企业管理费、利润和规费之和,各费用项目均以不包含增值税可抵扣进项税额的价格计算。

1. 采用一般计税方法时增值税的计算

当采用一般计税方法时,建筑业增值税税率为9%。

2. 采用简易计税方法时增值税的计算

当采用简易计税方法时,建筑业增值税征收率为3%。简易计税方法主要适用于以下几种情况:

(1)小规模纳税人发生应税行为适用简易计税方法计税。小规模纳税人通常是指纳税人提供建筑服务的年应征增值税销售额未超过500万元,并且会计核算不健全,不能按规定报送有关税务资料的增值税纳税人。年应税销售额超过500万元但不经常发生应税行为的单位也可选择按照小规模纳税人计税。

(2)一般纳税人以清包工方式提供的建筑服务,可以选择适用简易计税方法计税。以清包工方式提供建筑服务,是指施工方不采购建筑工程所需的材料或只采购辅助材料,并收取人工费、管理费或者其他费用的建筑服务。

(3)一般纳税人为甲供工程提供的建筑服务,可以选择适用简易计税方法计税。甲供工程是指全部或部分设备、材料、动力由工程发包方自行采购的建筑工程。其中,建筑工程总承包单位为房屋建筑的地基与基础、主体结构提供工程服务,建设单位自行采购全部或部分钢材、混凝土、砌体材料、预制构件的,适用简易计税方法计税。

(4)一般纳税人为建筑工程老项目提供的建筑服务,可以选择适用简易计税方法计税。建筑工程老项目:《建筑工程施工许可证》注明的合同开工日期在2016年4月30日前的建筑工程项目;未取得《建筑工程施工许可证》的,建筑工程承包合同注明的开工日期在2016年4月30日前的建筑工程项目。

1.1.3 按造价形成划分建筑安装工程费用项目构成

建筑安装工程费用按照工程造价形成由分部分项工程费、措施项目费、其他项目费、规费和税金组成。

1.1.3.1 分部分项工程费

分部分项工程费是指各专业工程的分部分项工程应予列支的各项费用。

1. 专业工程和分部分项工程的内容

专业工程是指按现行国家规范划分的房屋建筑与装饰工程、通用安装工程、市政工程等。分部分项工程是对专业工程划分的项目。如房屋建筑与装饰工程划分的有楼地面工程、墙柱面工程、天棚工程、门窗工程、油漆涂料裱糊工程等。

2. 分部分项工程费的计算

$$分部分项工程费 = \sum(分部分项工程量 \times 综合单价) \tag{1-1}$$

式中:综合单价包括人工费、材料费、施工机具使用费、企业管理费、利润和一定范围的风险费用。

1.1.3.2 措施项目费

措施项目费是指为完成建设工程施工,发生于该工程施工前和施工过程中的技术、生活、安全、环境保护等方面的费用。

房屋建筑与装饰工程措施项目分为应予计量的措施项目和不宜计量的措施项目。不宜计量的措施项目费有安全文明施工费(简称安文费)、夜间施工增加费、二次搬运费、冬雨季施工增加费、已完工程及设备保护费、地上地下设施建筑物的临时保护设施费。应予计量的措施项目费有脚手架搭拆费、混凝土模板及支架(撑)费、垂直运输费、超高施工施工增加费、大型机械设备进出场及安拆费,以及施工排水、降水费。措施项目费的各项内容和计算方法见专业工程的现行国家或行业计量规范。

1.1.3.3 其他项目费

其他项目费是指按计价规范规定应计入建筑安装工程造价的暂列金额、暂估价、计日工、总承包服务费等方面的费用。

1. 暂列金额

暂列金额是指建设单位在工程量清单中暂定并包括在工程合同价款中的一笔款项。用于施工合同签订时尚未确定或者不可预见的所需材料、工程设备、服务的采购,施工中可能发生的工程变更、合同约定调整因素出现时的工程价款调整,以及发生索赔、现场签证确认等的费用。

暂列金额由建设单位根据工程特点,按有关计价规定估算;施工过程中由建设单位掌握使用、扣除合同价款,调整后如有余额,归建设单位。

2. 暂估价

暂估价是指招标人在工程量清单中提供的用于支付必然发生但暂时不能确定价格的材料、工程设备的单价及专业工程的金额。包括材料暂估单价、工程设备暂估单价、专业工程暂估价。

材料暂估单价、工程设备暂估单价根据工程造价信息或参照市场价格估算,计入综合单价;专业工程暂估价根据不同专业,按有关计价规定估算。暂估价在施工中按照合同约定再加以调整。

3. 计日工

计日工是指在施工过程中,施工单位完成建设单位提出的工程合同范围以外的零星项目或工作所需的费用,按照合同中约定的单价计价形成的费用。

计日工由建设单位和施工单位按施工过程中形成的有效签证来计价。

4. 总承包服务费

总承包服务费是指总承包人为配合、协调建设单位进行的专业工程发包,对建设单位自行采购的材料、工程设备等进行保管,以及施工现场管理、竣工资料汇总整理等服务所需的费用。

1.1.3.4 规费和税金

规费和税金的构成及计算与按费用构成要素划分建筑安装工程费用项目组成部分是相同的。

【任务解析】

1. 调查家庭居室、商业门店、展馆展厅、老年日间照料中心、家装展厅等场所的建筑装饰类型,填写建筑装饰类型表(见表1-2)。

表1-2 建筑装饰类型

编号		家庭居室	商业门店	展馆展厅	老年日间照料中心	家装展厅	其他
1	楼地面	瓷砖、木地板	瓷砖	瓷砖	水磨石、木地板	瓷砖、木地板	
2	墙柱面	乳胶漆、墙布、墙砖	乳胶漆、墙布、墙砖	乳胶漆、墙布、墙砖、木饰面	乳胶漆、石膏板	乳胶漆、墙布、墙砖、木饰面	
3	天棚	乳胶漆	石膏板	石膏板	乳胶漆、石膏板	乳胶漆	
4	门窗	木门、玻璃门、玻璃窗	木门、玻璃门、玻璃窗	木门、玻璃门、玻璃窗	木门、玻璃门、玻璃窗	木门、玻璃门、玻璃窗	
5	油漆涂料裱糊	水性漆	水性漆	水性漆	水性漆	水性漆	

2. 工程造价的含义及计价原理

具体内容同1.1.1。

3. 建筑安装工程费用的构成

建筑安装工程费用的构成同1.1.2和1.1.3。

4. "老人之家"项目建筑装饰工程项目构成

根据"老人之家"项目图纸,按照装饰部位和具体的做法工艺,建筑装饰工程项目构成思维导图如图1-1所示。

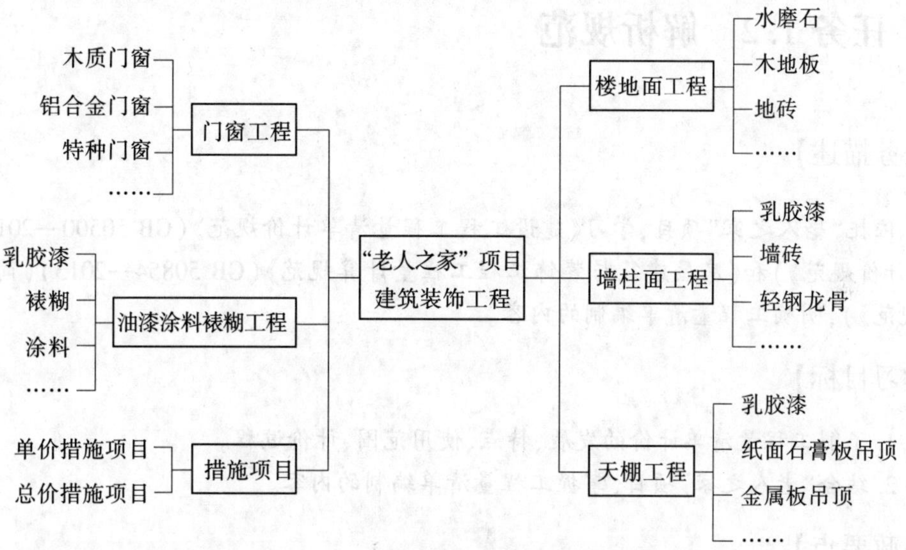

图1-1 "老人之家"项目建筑装饰工程项目构成

【拓展学习】

请结合专业,谈谈建筑装饰文明。

【技能训练】

一、基础技能

1.【单选题】 按照《建设工程工程量清单计价规范》(GB 50500—2013),属于其他项目费的是(   )。

A. 暂列金额　B. 脚手架费　C. 安全文明施工费　D. 人工费

2.【多选题】 按照《建设工程工程量清单计价规范》(GB 50500—2013),属于企业管理费的是(   )。

A. 办公费　B. 管理人员工资　C. 工会经费

D. 检查试验费　E. 人工费

二、提高技能

根据提供的实际建筑装饰施工图纸,列出建筑装饰工程类型。

【学后反思】

梳理本任务知识技能体系,构建知识图谱,参照附录1综合评价表完成自我评价,并完成一份学后反思总结。

任务1.2 解析规范

【任务描述】

依托“老人之家”项目,学习《建设工程工程量清单计价规范》(GB 50500—2013)(简称《计价规范》)和《房屋建筑与装饰工程工程量计算规范》(GB 50854—2013)(简称《计算规范》),明确工程量清单编制的内容。

【学习目标】

1. 了解工程量清单计价的发展、特点、使用范围、计价过程。
2. 结合“老人之家”项目,掌握工程量清单编制的内容。

【思政要点】

1. 理论与实践相结合,学习马克思主义实践观。
2. 培养严谨的工作态度,一丝不苟的工匠精神。

【任务分析】

1. 查阅《计价规范》,了解工程量清单计价特点、适用范围、计价过程。
2. 熟悉工程量清单编制的内容,学习工程量清单编制的注意事项,以“老人之家”项目为例,编制培训室水磨石楼地面分部分项工程清单。

【知识资源】

1.2.1 工程量清单计价概述

1.2.1.1 工程量清单计价的发展历程

在我国计划经济时期,建设工程计价主要采用定额计价法。定额计价法是以政府有关部门颁布的各种工程定额为依据确定工程造价,是量价合一的静态管理模式。

20世纪90年代,国家提出了“控制量、指导价、竞争费”的改革措施,将工程定额中的人工、材料、机械消耗量和相应的单价分离。这一措施在我国市场经济初期起到了积极的作用,但不能全面体现企业的技术装备水平、管理水平和劳动生产率,不能体现公平竞争的招标投标原则。

为适应我国建设工程管理体制改革以及建设市场发展的需要,规范建设工程各方的计价行为,住房和城乡建设部先后颁布了《建设工程工程量清单计价规范》(GB 50500—2003)版、(GB 50500—2008)版、(GB 50500—2013)版和《房屋建筑与装饰工程工程量计算规范》(GB 50854—2013)等 9 本专业计量规范,从 2013 年 7 月 1 日起实施。

1.2.1.2 工程量清单计价的特点

(1)国家宏观调控。

(2)企业自主报价。

(3)市场确定价格。

1.2.1.3 工程量清单计价的适用范围

清单计价适用于建设工程发承包及其实施阶段的计价活动。使用国有资金投资的建设工程发承包,必须采用工程量清单计价;非国有资金投资的建设工程,宜采用工程量清单计价;不采用工程量清单计价的建设工程,应执行清单计价规范中除工程量清单等专门性规定外的其他规定。

1.2.1.4 工程量清单计价的过程

工程量清单计价的基本过程如图 1-2 所示,主要包括工程量清单编制、招标控制价和投标报价编制、工程合同价款约定、工程量计量与工程进度款支付、索赔与现场签证、工程价款调整、竣工结算等。总体上,工程量清单计价工作分为招标阶段和施工与竣工结算阶段。

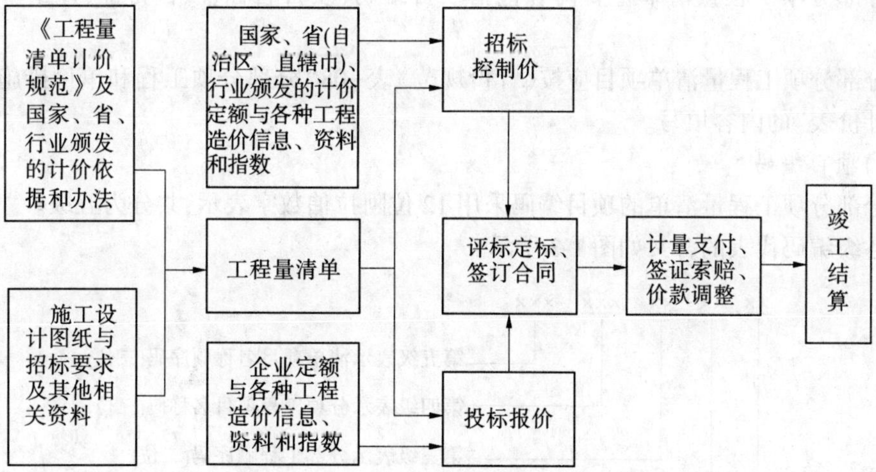

图 1-2 工程量清单计价的基本过程

1.2.2 工程量清单的编制

工程量清单是指载明建设工程的分部分项工程项目、措施项目、其他项目的名称和相应数量,以及规费、税金项目等内容的明细清单。

1.2.2.1 工程量清单编制的一般规定

(1)采用工程量清单计价模式招标发包时,招标工程量清单必须作为招标文件的组成部分,招标人应将招标工程量清单连同招标文件的其他内容一并发给投标人。

(2)招标工程量清单应由具有编制能力的招标人或受其委托、具有相应资质的工程造价咨询人编制。

(3)招标工程量清单作为投标人投标报价的共同平台,其准确性、完整性均由招标人负责。投标人依据招标工程量清单进行投标报价,对招标工程量清单不负有核实的义务,更不具有修改和调整的权利。

(4)招标工程量清单是工程量清单计价的基础,应作为编制招标控制价、投标报价、计算或调整工程量、索赔等的依据之一。

1.2.2.2 工程量清单编制的依据

(1)现行《计价规范》和相关工程的国家计量规范。

(2)现行国家或省级、行业建设主管部门颁发的计价定额和办法。

(3)建设工程设计文件及相关资料。

(4)与建设工程有关的标准、规范、技术资料。

(5)拟定的招标文件。

(6)拟建工程项目的施工现场情况、地勘水文资料、工程特点及常规施工方案。

(7)其他相关资料。

1.2.2.3 工程量清单编制的内容

1. 分部分项工程项目清单的编制

分部分项工程量清单主要内容包括项目编码、项目名称、项目特征、计量单位和工程量。

分部分项工程量清单项目应按《计价规范》表-08“分部分项工程和单价措施项目清单与计价表”的内容填写。

1)项目编码

分部分项工程量清单的项目编码采用12位阿拉伯数字表示,共分为五级。

各级编码代表的含义如图1-3所示。

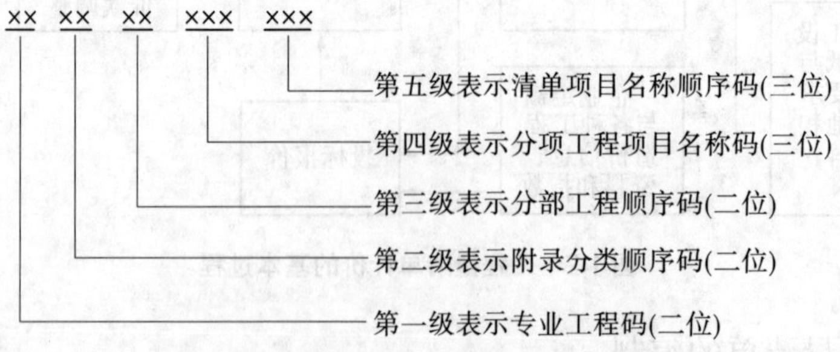

图1-3 工程量清单项目各级编码代表的含义

一级编码为专业工程代码,按房屋建筑与装饰工程(01)、通用安装工程(03)、市政工程(04)、园林绿化工程(05)等设置。

二级编码为附录分类顺序码，按《计算规范》附录的顺序编号设置。如楼地面装饰工程为“0111”。

三级编码为分部工程顺序码，按《计算规范》附录的分部工程编号设置。如楼地面块料面层为“011102”。

四级编码为分项工程项目名称顺序码，按《计算规范》附录的分项工程编号设置。如石材楼地面为“011102001”。

五级编码为清单项目名称顺序码。由工程量清单编制人根据工程量清单项目名称设置，一般由001开始顺序设置，同一招标工程的项目编码不得有重码。如某房屋建筑工程中“砌块墙上粘贴200×300块料面层”编码为“011204003001”，“砌块墙上粘贴400×500块料面层”编码为“011204003002”。

2）项目名称

分部分项工程量清单的项目名称应按《计算规范》附录的项目名称结合拟建工程的实际确定。

3）项目特征

项目特征是分部分项工程量清单的本质特征，是区分设置具体工程量清单项目的主要要素，是确定一个清单项目综合单价不可缺少的重要依据，在编制工程量清单时，必须对项目特征进行准确和全面的描述。

4）计量单位

分部分项工程量清单计量单位，应按《计算规范》附录规定的计量单位确定。

5）工程量

分部分项工程量清单中的工程量是构成建筑物（构筑物）实体的数量，应严格按《计算规范》附录中规定的计算规则计算。

6）补充项目

在编制工程量清单时，当出现《计算规范》附录中未包括的清单项目时，编制人应做补充，补充项目应填写在工程量清单相应分部工程项目之后。在编制补充项目时应注意以下三个方面：

（1）补充项目的编码应按《计算规范》的规定确定。具体做法如下：补充项目的编码由《计算规范》的专业代码××与B和三位阿拉伯数字组成，并应从××B001起顺序编制，同一招标工程的项目不得重码。如房屋建筑工程的补充项目编码为“01B001”“01B002”等。

（2）补充项目的工程量清单应附有项目名称、项目特征、计量单位、工程量计算规则和工作内容。

（3）编制的补充项目应报省级或行业工程造价管理机构备案，省级或行业工程造价管理机构应汇总报住房和城乡建设部标准定额研究所。

2. 措施项目清单的编制

措施项目划分为两类：一类是不能计算工程量的项目，如文明施工和安全防护、临时设施等，就以“项”计价，称为“总价项目”；另一类是可以计算工程量的项目，如脚手架、垂直运输等，就以“量”计价，称为“单价项目”。

1)“单价项目”的措施项目清单编制

“单价项目”的措施项目清单按《计价规范》中表-08“分部分项工程和单价措施项目清单与计价表”的内容填写,同分部分项工程项目清单的编制。

2)“总价项目”的措施项目清单编制

“总价项目”的措施项目清单按照《计算规范》附录中措施项目规定的项目编码、项目名称确定清单项目,其编制方法按照国家或省级、行业建设主管部门颁发的计价文件规定执行。按《计价规范》中表-11“总价措施项目清单与计价表”的内容填写,编制人可根据工程的具体情况进行补充。

3.其他项目清单的编制

其他项目清单指根据拟建工程的具体情况,由于招标人的特殊要求而设置的项目清单。按《计价规范》中表-12“其他项目清单与计价汇总表”的内容填写,编制人可根据工程的具体情况进行补充。

1)暂列金额

招标人编制暂列金额项目时应根据工程特点按有关计价规定估算(一般可按类似工程分部分项工程费用的10%~15%估算),将暂列金额与拟用项目列出明细,但如确实不能详列,也可只列暂定金额总额;投标人应将上述暂列金额计入投标总价中。

暂列金额项目应按《计价规范》中表12-1“暂列金额明细表”的内容填写,编制人可根据工程的具体情况进行补充。

2)暂估价

(1)材料、工程设备暂估单价。

材料、工程设备暂估单价应根据工程造价信息或参照市场价格估算,列出明细表,按《计价规范》中表12-2“材料(工程设备)暂估单价及调整表”的内容填写。

(2)专业工程暂估价。

专业工程暂估价应是综合暂估价,包括除规费和税金以外的管理费、利润等。专业工程暂估价应分不同专业,按有关计价规定估算,以专业工程项目列出明细表,如安防工程、电梯安装工程等。专业工程暂估价应按《计价规范》中表12-3“专业工程暂估价及结算价表”的内容填写。

3)计日工

在编制计日工清单项目时,招标人应列出项目名称、计量单位和暂估数量。编制招标控制价时,单价由招标人按有关计价规定确定;编制投标报价,单价由投标人自主报价,计入投标总价中,按《计价规范》中表12-4“计日工表”的内容填写。

4)总承包服务费

在编制总承包服务费清单项目时,招标人应将拟定进行专业分包的专业工程、自行采购的材料、设备明确项目名称、项目价值及服务内容,作为编制招标控制价、投标报价的依据,按《计价规范》中表12-5“总承包服务费计价表”的内容填写。

4.规费和税金项目清单的编制

根据住房和城乡建设部、财政部颁布的《关于印发〈建筑安装工程费用项目组成〉的通知》(建标〔2013〕44号)的规定,规费和税金项目清单应按《计价规范》中表13“规费、税金计价表”的内容填写。

【任务解析】

1. 参照《计算规范》附录L楼地面装饰工程，结合“老人之家”地面做法，编制培训室水磨石楼地面工程清单，见表1-3。

表1-3　分部分项工程和单价措施项目清单与计价表

工程名称：　　　　　　　　　　　　标段：　　　　　　　　　　第　页　共　页

序号	项目编码	项目名称	项目特征描述	计量单位	工程量	金额/元		
						综合单价	合价	其中
								暂估价
1	011101002001	现浇水磨石地面	1. 找平层：20厚干混地面砂浆DSM20 2. 面层：15厚1∶2水泥彩色石子磨光打蜡 3. 嵌条：安装玻璃分格条 4. 素水泥浆：一道	m^2	180.17			

2. 编制分项工程工程量清单注意事项

1）项目编码设置注意事项

（1）同一招标工程的项目编码不得有重码。例如一个标段（或合同段）的工程量清单中含有三个单位工程，每一单位工程中都有项目特征相同的块料楼地面，在工程量清单中又需反映三个不同单位工程的块料楼地面工程量时，则第一个单位工程的块料楼地面的项目编码应为010401003001，第二个单位工程的块料楼地面的项目编码应为010401003002，第三个单位工程的块料楼地面的项目编码应为010401003003，并分别列出各单位工程块料楼地面的工程量。

（2）一个项目编码对应一个项目名称、项目特征描述、计量单位、工程内容，清单编制人在自行设置编码时，以上四项中只要有一项不同，就应另设编码。

（3）项目编码不应再设附码。如用01110200001-1（附码）和01110200001-2（附码）编码，分别表示200×300釉面砖楼地面和800×800釉面砖楼地面就是错误的编码方法。

（4）清单编制人在自行设置编码时，如需并项要慎重考虑。如某多层建筑物挑檐底部抹灰与室内天棚抹灰的砂浆种类、抹灰厚度都相同，但这两个项目的施工难易程度有所不同，因而就要慎重考虑是否并项。

2）项目名称编制注意事项

《计算规范》附录表中的“项目名称”为分项工程项目名称，在编制分部分项工程量清单时可予以适当调整或细化,例如“墙面一般抹灰”这一分项工程在形成工程量清单项目名称时可以细化为“外墙面一般抹灰”“内墙面一般抹灰”等。

3)项目特征描述注意事项

(1)项目特征描述的原则。

项目特征描述的内容应按《计算规范》附录中的规定,结合具体设计要求或拟建工程实际,清晰、真实、完整表述。若采用标准图集或施工图纸能够全部或部分满足项目特征描述的要求,项目特征描述可直接采用“详见××图集或××图号”的方式。对不能满足项目特征描述要求的部分,仍应用文字描述。

(2)项目特征描述的要求。

必须描述的内容如下:

①涉及正确计量的内容,如门窗洞口尺寸或框外围尺寸、木龙骨的间距(300 mm 或 400 mm);

②涉及装饰构造要求的内容,如水泥砂浆的厚度(20 厚或 25 厚)、墙面木装饰(有或无)保温吸音层;

③涉及施工工艺不同的内容,如墙面石材饰面类型(干挂或粘贴)、油漆的遍数(3 遍或 4 遍)、木门的开启方式(平开或推拉);

④涉及材质要求的内容,如油漆的品种(硝基漆或聚酯漆)、地板砖的规格(600×600 或 800×800)、石板材的厚度(20 厚或 30 厚)。

可不描述的内容如下:

①对项目特征或计量计价没有实质影响的内容,如装饰用辅材、材料的品牌等;

②应由投标人根据施工方案自行确定的内容,如涂料的滚涂、刷涂、喷涂等;

③应由投标人根据当地材料确定的内容,如水泥砂浆中砂的种类、粒径等;

④应由施工措施解决的内容,如材料的二次搬运、成品保护等。

可不详细描述的内容如下:

①施工图、标准图标注明确的,可不再详细描述。可描述为“见××图集××图号”等。

②还有一些项目可不详细描述,但清单编制人在项目特征描述中应注明由投标人自定,如“拆除工程”中的垃圾运距等。

(3)对《计算规范》中没有项目特征要求的少数项目,但又必须描述的应予描述,如“执手锁”“门拉手”就是影响报价的重要因素。

需要指出的是,《计算规范》附录中“项目特征”与“工作内容”是两个不同性质的规定。项目特征必须描述,因其讲的是工程实体的特征,直接影响工程的价值。工作内容无须描述,因其主要讲的是操作程序,二者不能混淆。例如地砖铺贴,按照《计算规范》“项目特征”栏的规定,就必须描述地砖的品种:是一般瓷质砖,还是微晶石砖、仿古砖、岩板等;砖的规格:是 600×600 还是 600×1 200 等;还必须描述铺贴砂浆的种类和厚度:是 1:2 或是 1:3 水泥砂浆,厚度是 20 mm 还是 25 mm 等,因为地砖的品种、规格、砂浆配合比和厚度直接影响地砖铺贴的造价。所以,这些描述均不可少,设计图中有特殊要求的也要进行描述(如是否离缝和勾缝,勾缝材料品种等),因为其中任何一项都影响综合单价的确定。而《计算规范》中“工作内容”中的砂浆制作、运输、地砖铺贴、勾缝、清理则不必描述,因为不描述这些工作内容,承包商必然要操作这些工序,满足最终质量验收的要求。

另外,《计算规范》中,对于相同部位且紧密相连的先后施工工序产生的不同清单项目,其中一些清单项目可以合并,以其中一项主要施工项目内容命名,如天棚吊顶工程项目和天棚吊顶刷乳胶漆工程项目,可以只列出“吊顶天棚”清单项目,但在“项目特征描述”中既要描述吊顶天棚的特征内容,又要对乳胶漆施工项目予以准确清晰的陈述,以便于投标人能够准确完整计价。

清单编制人应高度重视分部分项工程清单项目特征的描述,任何描述不清均会在施工合同履约过程中产生分歧,导致纠纷、索赔。

4)计量单位编制注意事项

在编制工程量清单时,对于项目中有两个以上计量单位的,根据《计算规范》的规定选择其中一个计量单位。如《计算规范》对“踢脚线”计量单位有“m”“m^2”两个计量单位,在编制该项目清单时清单编制人可以根据具体情况选择最适宜表现该项目特征并方便计量的其中之一作为计量单位。

5)工程量编制注意事项

清单工程量是招标人根据设计计算的数量,是投标人投标报价的共同基础,工程结算的数量应按合同双方认可的实际完成的工程量确定。所以,清单编制人应该按照《计算规范》,对每一项清单的工程量进行准确计算。

工程量计算时,分部分项工程量清单的有效位数应按照下列规定取值:

(1)以“t”为单位,应保留三位小数,第四位小数四舍五入。

(2)以“m^3”“m^2”“m”等为单位,应保留两位小数,第三位小数四舍五入。

(3)以“个”“项”等为单位,应取整数。

【拓展学习】

思考装配式装修工程工程量清单编制应注意的问题。

【技能训练】

一、基础技能

1.【单选题】《计价规范》的性质属于(　　)。

A.国家标准　　B.行业标准

C.地方标准　　D.推荐性标准

2.【单选题】按照《计价规范》,项目编码由(　　)级组成。

A.五　　B.四　　C.三　　D.六

3.【多选题】制定工程量清单的项目设置规则是为了统一(　　)。

A.项目名称　　B.计量单位

C.工程量计算规则　　D.工程内容

E.项目编码

二、提高技能

根据实际建筑装饰施工图纸,结合规范,列出楼地面项目工程量清单的项目编码、项目名称、项目特征、计量单位内容。

【学后反思】

梳理本任务知识技能体系,构建知识图谱,参照附录1综合评价表完成自我评价,并完成一份学后反思总结。

任务1.3 解析定额

【任务描述】

依托"老人之家"项目,熟悉定额的分类,了解定额的发展,掌握定额的组成。

【学习目标】

1. 了解定额的发展,熟悉定额的分类。
2. 查阅某省《预算定额》,掌握定额的组成。

【思政要点】

1. 培养学生用辩证的方法看问题。
2. 培养学生规范意识。

【任务分析】

1. 不同小组扮演不同的参与方,如建设单位、施工单位、监理单位等,分析施工定额、预算定额、概算定额、概算指标和投资估算指标之间的相互联系。

2. 查阅某省《预算定额》,根据定额的组成,分析"老人之家"项目水磨石楼地面定额子目组成。

【知识资源】

1.3.1 工程定额的分类

工程定额是指在正常施工条件下完成规定计量单位的合格建筑安装工程所消耗的人工、材料、施工机具台班、工期天数及相关费率等的数量标准。

1.3.1.1 按定额反映的生产要素消耗内容分类

工程定额划分为劳动消耗定额、材料消耗定额和机具消耗定额三种。

(1)劳动消耗定额。简称劳动定额(也称为人工定额),是在正常的施工技术和组织条件下,完成规定计量单位合格的建筑安装产品所消耗的人工工日的数量标准。劳动定额的主要表现形式是时间定额和产量定额,时间定额与产量定额互为倒数。

(2)材料消耗定额。简称材料定额,是指在正常的施工技术和组织条件下,完成规定计量单位合格的建筑安装产品所消耗的原材料、成品、半成品、构配件、燃料,以及水、电等动力资源的数量标准。

(3)机具消耗定额。又称机械台班定额,是指在正常的施工技术和组织条件下,完成规定计量单位合格的建筑安装产品所消耗的施工机械台班的数量标准,机具消耗定额的主要表现形式是机械时间定额和机械产量定额。

1.3.1.2　按定额的编制程序和用途分类

1. 施工定额

施工定额是完成一定计量单位的某一施工过程或基本工序所需消耗的人工、材料和施工机具台班数量标准。施工定额是施工企业(建筑安装企业)组织生产和加强管理在企业内部使用的一种定额,属于企业定额。

2. 预算定额

预算定额是在正常的施工条件下,完成一定计量单位合格分项工程或结构构件所需消耗的人工、材料、施工机具台班数量及其费用标准。预算定额是一种计价性定额。从编制程序上看,预算定额是以施工定额为基础综合扩大编制的,它也是编制概算定额的基础。

3. 概算定额

扩大分项工程或扩大结构构件所需消耗的人工、材料和施工机具台班的数量及其费用标准,是一种计价性定额。概算定额是编制扩大初步设计概算、确定建设项目投资额的依据。

4. 概算指标

概算指标是以单位工程为对象,反映完成一个规定计量单位建筑安装产品的经济指标。

5. 投资估算指标

投资估算指标是以建设项目、单项工程、单位工程为对象,反映建设总投资及其各项费用构成的经济指标。它是在项目建议书和可行性研究阶段编制投资估算、计算投资需要量时使用的一种定额。

1.3.1.3　按专业分类

(1)建筑工程定额按专业对象分为建筑及装饰工程定额、房屋修缮工程定额、市政工程定额等。

(2)安装工程定额按专业对象分为电气设备安装工程定额、机械设备安装工程定额、热力设备安装工程定额、通信设备安装工程定额等。

1.3.1.4　按主编单位和管理权限分类

(1)全国统一定额是由国家建设行政主管部门综合全国工程建设中技术和施工组织管理的情况编制,并在全国范围内执行的定额。

(2)行业统一定额是考虑到各行业专业工程技术特点,以及施工生产和管理水平编制的。一般只在本行业和相同专业性质的范围内使用。

(3)地区统一定额包括省、自治区、直辖市定额。地区统一定额主要是考虑地区性特点和全国统一定额水平做适当调整和补充编制的。

(4)企业定额是施工单位根据本企业的施工技术、机械装备和管理水平编制的人工、材料、机具台班等的消耗标准。企业定额在企业内部使用,是企业综合素质的标志。企业定额水平一般应高于国家现行定额,在工程量清单计价方法下,企业定额是施工企业进行投标报价的依据。

(5)补充定额是指随着技术的发展,现行定额不能满足需要的情况下,为了补充缺陷所编制的定额。补充定额只能在指定的范围内使用,可以作为以后修订定额的基础。

1.3.2 某省《预算定额》的组成

1.3.2.1 目录

目录主要列出定额组成项目名称和页次,以便查找、检索定额项目。

1.3.2.2 总说明

总说明主要说明定额的适用范围、定额的作用、定额费用的组成依据。

1.3.2.3 费用组成说明及工程造价计价标准程序表

这部分内容主要说明建设工程费用的组成、定额各项费用的组成,关于人工材料施工机械标准的确定及取费标准,以及工程造价计价程序表。

1.3.2.4 专业说明

专业说明主要说明本定额包括的章节内容、编制标准,以及关于人工、材料、机械、水平和垂直运输等的计取标准。

1.3.2.5 章说明

章说明主要说明分部工程定额包括的主要工作内容和不包括的工作内容,定额的适用范围和费用可按系数计取的规定。

1.3.2.6 工程量计算规则

工程量计算规则说明各分部分项的工程量计算规则。

1.3.2.7 定额基价项目表

定额基价项目表是预算定额的主要组成部分,主要包括以下内容:

(1)分项工程的工作内容,一般列入项目表的表头。

(2)定额编号和分项工程项目名称,在表的上部。

(3)预算定额基价及基价组成:人工费、材料费、机械使用费、其他措施费、安全文明施工费(简称安文费)、管理费、利润和规费。

(4)基价组成中人工、材料和机械消耗的种类和数量,工日、材料和机械台班的单价。

(5)附注在项目表下方,解释一些定额说明中未尽事项。

【任务解析】

1. 查阅资料,分析施工定额、预算定额、概算定额、概算指标和投资估算指标之间的相互联系,见表1-4。

表 1-4　各种定额间关系的比较

名称	施工定额	预算定额	概算定额	概算指标	投资估算指标
对象	施工过程或基本工序	分项工程或结构构件	扩大的分项工程或扩大的结构构件	单位工程	建设项目、单项工程、单位工程
用途	编制施工预算	编制施工图预算	编制扩大初步设计概算	编制初步设计概算	编制投资估算
项目划分	最细	细	较粗	粗	很粗
定额水平	平均先进	平均			
定额性质	生产性定额	计价性定额			

2. 查阅某省《预算定额》,“老人之家”项目水磨石地面定额子目组成分析见表 1-5。

表 1-5　“老人之家”项目水磨石地面定额子目分析

定额编号		11-11
项目名称		15 mm 厚水磨石楼地面(带嵌条)
工作内容		清理基层、面层铺设、嵌玻璃条、磨石抛光、酸洗打蜡。调制菱土砂浆,打蜡
定额单位		100 m^2
基价/元		13 009.28
其中	人工费	7 871.40
	材料费	1 603.09
	机械使用费	243.65
	其他措施费	265.98
	安文费	578.11
	管理费	1 098.50
	利润	631.73
	规费	716.82

人材机明细

名称	单位	单价/元	数量	备注
综合工日	工日	—	(51.15)	

续表 1-5

白水泥石子浆 白石子 1:2	m^3	571.44	1.734	嵌条采用的是平板玻璃,若采用其他嵌条应扣除玻璃用量,其他不变,嵌条执行相应子目
白水泥石子浆 彩石子 1:2	m^3	909.04	—	
素水泥浆	m^3	417.35	0.102	
水泥 综合	kg	0.40	26.520	
棉纱头	kg	12.00	1.100	
平板玻璃 σ_3	m^2	11.55	5.300	
草酸	kg	4.50	1.000	
石蜡	kg	5.80	2.650	
煤油	kg	8.44	4.001	
清油	kg	19.20	0.530	
油漆溶剂油	kg	4.40	0.530	
金刚石 综合	块	12.00	33.000	
水	m^3	5.13	4.380	
灰浆搅拌机 拌筒容量(L)200	台班	153.74	0.288	
平面水磨石机 功率(kW)3	台班	19.60	10.172	

【拓展学习】

了解建筑装饰行业定额最新发展趋势。

【技能训练】

一、基础技能

1.【单选题】《预算定额》的性质属于(　　)。

A. 国家标准　　B. 行业标准

C. 地方标准　　D. 推荐性标准

2.【多选题】《预算定额》中基价包括(　　)等。

A. 人工费　　B. 材料费　　C. 机械使用费

D. 其他措施费　　E. 税金

二、提高技能

根据实际建筑装饰施工图纸,结合某省定额,查阅分析楼地面定额子目基价组成。

【学后反思】

梳理本任务知识技能体系,构建知识图谱,参照附录 1 综合评价表完成自我评价,并完成一份学后反思总结。

项目2 楼地面装饰工程

任务2.1 楼地面装饰类型

【任务描述】

依托“老人之家”项目，了解楼地面装饰工程的发展变革，识别不同工程部位楼地面装饰类型，列出对应的清单项目编码、项目名称、项目特征、计量单位。

【学习目标】

1. 培养学生处处留心、用专业眼光观察生活的能力。

2. 理解楼地面装饰工程各清单项目名称的具体含义，掌握楼地面装饰工程清单项目划分，培养查阅规范的学习能力。

3. 培养运用规范解决实际问题的能力。

【思政要点】

1. 引导学生崇尚科技、创新引领的价值体系。

2. 培养学生处处留心、用专业眼光观察生活的能力。

【任务分析】

1. 楼地面装饰工程的发展变革及类型

(1)通过实践调研，收集楼地面装饰的信息，探究常见的楼地面装饰类型，完成表2-1内容。

表2-1 房间(部位)楼地面装饰

编号	房间(部位)	楼地面装饰类型	楼地面装饰构造做法
1			
⋮			

(2)写一篇300字左右的关于楼地面装饰发展变革的心得体会。

2. 依据“老人之家”项目图纸，列出相应的楼地面装饰类型清单的项目编码、项目名称、项目特征、计量单位。

(1)识读“老人之家”项目图纸，列出各部位楼地面装饰的具体做法。

(2)查阅《计算规范》中楼地面装饰工程的L.1~L.4的各分项工程的清单项目名称

分类,辨析理解各清单项目的工作内容。

(3)将"老人之家"项目图纸中的楼地面装饰做法与《计算规范》中楼地面装饰工程的清单项目匹配对应。

3. 难点

从图纸中楼地面装饰构造做法中提取出关键的做法信息,与清单规范中的楼地面装饰工程清单项目匹配对应。

【知识资源】

2.1.1 楼地面装饰工程的发展变革

楼地面工程是建筑物的重要组成部分,其目的是为建筑物提供美观、实用和耐用的表面装饰。依据面层材料和施工方法可分为整体面层、块料面层、橡塑及其他面层三大类。随着人们生活水平的提高及社会生产技术水平的快速发展,在实用性方面,具备耐磨阻燃、防滑防水、抗化学腐蚀等优异性能的地面装饰材料被广泛运用于室内装潢设计中,对楼板与地表起到很好的保护作用,在极大程度上增加了建筑空间的地面安全性;在装饰性方面,可以通过对地面装饰材料的类型、尺寸、花色等进行设计,对其添加美学和时尚元素使之更加符合消费者的审美品位;在环保性方面,不含甲醛、苯、氡等有毒物质的新型地面装饰材料逐渐受到消费者更多的青睐。

2.1.2 整体面层楼地面清单项目划分

整体面层楼地面装饰工程清单项目设置,应按《计算规范》中表 L. 1 的规定执行。

注意事项:

(1)平面砂浆找平层只适用于仅做找平层的平面抹灰。

(2)楼地面混凝土垫层另按附录 E. 1(010501001)垫层项目编码列项,其他材料垫层按附录表 D. 4(010404001)垫层项目编码列项。

(3)楼地面防水(防潮)另按《计算规范》附录 J. 4(010904)中相关项目编码列项。

(4)楼地面保温隔热另按《计算规范》附录 K. 1(011001005)项目编码列项。

2.1.3 块料面层楼地面清单项目划分

块料面层楼地面装饰工程清单项目设置,应按《计算规范》中表 L. 2 表的规定执行。

注意事项:

(1)在描述碎石材项目的面层材料特征时可不用描述规格、颜色。

(2)石材、块料与黏结材料的结合面刷防渗材料的种类在防护层材料种类中描述。

2.1.4 橡塑面层及其他面层楼地面清单项目划分

橡塑面层楼地面装饰工程清单项目设置,应按《计算规范》中表 L. 3、表 L. 4 的规定执行。

注意事项:

若清单项目中涉及找平层，另按“平面砂浆找平层(011101006)”项目编码列项。

2.1.5 零星装饰项目清单项目划分

零星装饰项目工程量清单项目设置，应按《计算规范》中表 L.8 的规定执行。

注意事项：

(1)“零星装饰项目”适用于楼梯、台阶的牵边和侧面装饰，0.5 m^2 以内少量分散的楼地面装修。

(2)楼梯侧面镶贴块料应按“零星装饰项目”编码列项。

2.1.6 楼地面防水防潮清单项目划分

楼地面防水、防潮工程量清单项目设置，应按《计算规范》中表 J.4 的规定执行。

注意事项：

(1)楼地面防水找平层按《计算规范》“平面砂浆找平层(011101006)”项目编码列项。

(2)楼地面防水与墙面连接时，反边高度>300 mm 按“墙面防水(010903)”相应项目编码列项。

(3)楼(地)面防水搭接及附加层用量不另行计算，在综合单价中考虑。

2.1.7 楼地面保温、隔热清单项目划分

楼地面保温、隔热工程量清单项目设置应按《计算规范》中表 K.1 执行。

【任务解析】

1. 识读“老人之家”项目图纸，按房间(部位)列出楼地面装饰类型，见表 2-2。

表 2-2 房间(部位)楼地面装饰类型

<table>
<tr><th>编号</th><th>房间(部位)</th><th>装饰类型</th><th>装饰构造做法</th></tr>
<tr><td>1</td><td>棋牌室</td><td rowspan="2">木地板</td><td rowspan="2">1. 12 厚的成品实木复合地板
2. 50 厚干铺聚苯乙烯板
3. 20 厚干混地面砂浆 DS M20 找平
4. 素水泥浆一道</td></tr>
<tr><td>2</td><td>阅读书画室</td></tr>
<tr><td>3</td><td>活动室</td><td rowspan="2">塑胶地板</td><td rowspan="2">1. 3 厚塑料板，专用胶黏剂粘贴
2. 20 厚干混地面砂浆 DS M20 抹平压光
3. 素水泥浆一道</td></tr>
<tr><td>4</td><td>娱乐室</td></tr>
</table>

续表 2-2

编号	房间(部位)	装饰类型	装饰构造做法
5	培训室	水磨石地面	1. 15 厚 1:2水泥彩色石子磨光打蜡 2. 素水泥浆一道 3. 20 厚干混地面砂浆 DS M20 找平,干后安装玻璃分格条 4. 素水泥浆一道
6	走廊		
7	前厅		
8	门厅		
9	卫生间	防滑地砖地面	1. 300×300×8 防滑地砖铺贴,白水泥勾缝 2. 30 厚 1:3干硬性水泥砂浆 3. 15 厚干混地面砂浆 DS M20 保护层 4. 2 厚聚氨酯防水涂料 5. 最薄处 20 厚干混地面砂浆 DS M20 找平找坡 6. 素水泥浆一道
10	洗手区		

2. 对照《计算规范》中楼地面装饰工程中的分项工程的项目名称,将“老人之家”项目图纸中的楼地面的装饰内容按清单规范的要求分类汇总,确定项目名称、项目编码、计量单位,描述项目特征,见表 2-3。具体分析如下:

(1)木地板构造做法中的泡沫塑料衬垫已在木地板综合单价中综合考虑,不必另列项。

(2)木地板、塑胶地板、水磨石地面及防滑地砖地面构造做法中已综合考虑砂浆找平层,不再单独列项。

(3)防滑地砖地面构造做法中防水涂料单独列项,需执行《计算规范》中附录 J 屋面及防水工程中 J.4 楼地面防水、防潮中的相关项目。

表 2-3　楼地面装饰清单列项

序号	项目编码	项目名称	项目特征	计量单位
1	011104002001	木地板	1. 面层:12 厚成品实木复合地板 2. 基层:50 厚干铺聚苯乙烯板 3. 找平层:20 厚干混地面砂浆 DS M20 找平	m^2
2	011103003001	塑胶地板	1. 面层:3 厚硬质塑胶地板,专用胶黏剂粘贴 2. 找平层:20 厚干混地面砂浆 DS M20 找平	m^2
3	011101002001	现浇水磨石楼地面	1. 找平层:20 厚干混地面砂浆 DS M20 2. 面层:15 厚 1:2水泥彩色石子磨光打蜡 3. 嵌条:安装玻璃分格条 4. 素水泥浆:一道	m^2

续表 2-3

序号	项目编码	项目名称	项目特征	计量单位
4	011102003001	防滑地砖块料楼地面	1. 找平层:15 厚干混地面砂浆 DS M20 2. 面层:300×300×8 防滑地砖铺贴,白水泥勾缝 3. 结合层:素水泥浆一道 4. 基层:聚氨酯防水涂料填充材料	m^2
5	010904002001	涂膜防水楼地面	1. 防水膜品种:聚氨酯 2. 涂膜厚度、遍数:2 mm 厚、三遍 3. 反边高度:1.5 m	m^2
6	011001005001	保温隔热楼地面	1. 保温部位:棋牌室、阅读书画室 2. 保温材料及厚度:50 厚干铺聚苯乙烯板	m^2

【拓展学习】

1. 通过实地调研,结合互联网检索信息,谈谈室内装饰材料的发展前景与趋势。

2. 依据国家现阶段养老政策,结合本专业知识,谈谈"老人之家"项目在室内装饰方面体现的人文关怀元素。

【技能训练】

一、基础技能

1. 【单选题】 下列属于整体面层楼地面的是(　　)。

A. 自流平楼地面　B. 防滑地砖楼地面

C. 地毯楼地面　D. 木地板

2. 【多选题】 按《计算规范》规定,水泥砂浆楼地面项目特征描述应包括的内容有(　　)。

A. 找平层厚度、砂浆配合比　B. 素水泥浆遍数

C. 面层厚度、配合比　D. 面层做法

E. 钳条种类

3. 【多选题】 下列属于块料面层楼地面的是(　　)。

A. 自流平楼地面　B. 防滑地砖楼地面　C. 地毯楼地面

D. 木地板　E. 大理石楼地面

二、提高技能

根据实际建筑装饰施工图纸列出楼地面装饰类型的清单项目。

【学后反思】

梳理本任务知识技能体系,构建知识图谱,参照附录1综合评价表完成自我评价,并

完成一份学后反思总结。

任务 2.2 整体面层清单项目编制

【任务描述】

依据“老人之家”项目图纸，编制整体面层楼地面装饰工程工程量清单。

【学习目标】

1. 理解整体面层工程量计算规则内涵，明晰整体面层楼地面装饰工程的常规工作内容，培养使用规范的自主学习能力。

2. 会计算整体面层楼地面清单工程量，能编制清单项目，培养使用规范解决实际问题的职业能力。

3. 培养严谨细致的工作态度及规范意识。

【思政要点】

1. 通过引入规范、学习规范及应用规范，引导规范、规则意识。

2. 通过运用规范解决实际工程问题，培养理论联系实际、学以致用的学习能力及精准算量的职业技能。

【任务分析】

1. 整体面层楼地面工程清单项目编制

(1) 依据《计算规范》附录 L.1，梳理整体面层清单工程量计算规则要点，尤其是对扣除构件和不增加部分的理解。

(2) 根据“老人之家”项目图纸，结合任务 2.1 列出的水磨石整体面层清单项目和具体的房间、部位，确定相应的长度、宽度，判断是否存在扣除构件及增加部分。

(3) 计算“老人之家”工程的水磨石整体面层清单工程量，并完成清单项目的编制。

2. 重点

(1) 确定图纸中水磨石整体面层装饰部位的面积，尤其是前厅部分弧形面积的计算。

(2) 判断培训室中独立柱是否扣除。

【知识资源】

2.2.1 解析整体面层楼地面工程清单工程量计算规则

参照《计算规范》中表 L.1。

2.2.1.1 术语

(1) 间壁墙：是用轻质材料，从楼面做到天棚顶的隔断墙。隔墙可以不做到封顶，而间壁墙是要封顶的。这里是指墙厚≤120 mm 的墙。

(2)空圈:指未装门的洞口,也称垭口,可以由此进出房间。空圈的设置常见于客厅与过道之间、阳台与客厅(或卧室)之间。

(3)壁龛:"龛"是指凹入墙面的空间,古代为供奉祖先牌位的橱柜、石室,现在的"壁龛"则多为嵌在墙壁中的橱柜,除了作为放置神像的空间,现在更多了收纳、展示、装饰墙壁的功能。

(4)暖气包槽:暖气片外面的装饰罩子。

2.2.1.2 整体面层清单工程量计算规则思维导图

整体面层清单工程量计算规则思维导图如图 2-1 所示。

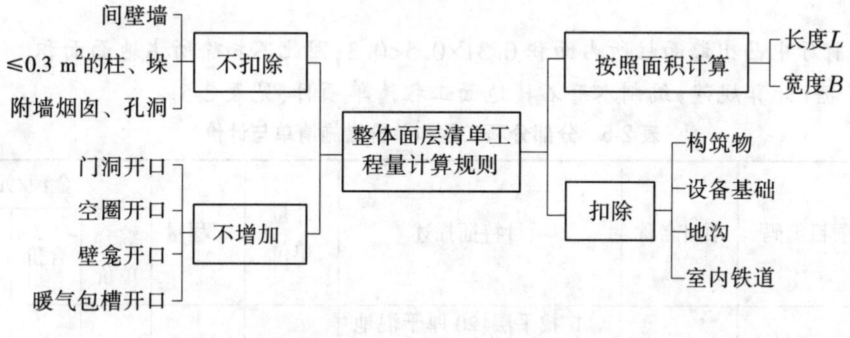

图 2-1 整体面层清单工程量计算规则思维导图

2.2.1.3 整体面层清单工程量计算公式

$$S = \text{设计图示尺寸面积} = \text{净长度}\,L \times \text{净宽度}\,B - S_{\text{应扣除构件}} \quad (2\text{-}1)$$

注:

扣除:凸出地面构筑物、设备基础、室内铁道、地沟等所占面积。

不扣除:不扣除间壁墙及≤0.3 m² 的柱、垛、附墙烟囱及孔洞所占面积。

不增加面积:门洞、空圈、暖气包槽、壁龛的开口部分。

【任务解析】

1. 识读"老人之家"项目图纸,结合任务 2.1 列出的水磨石整体面层清单项目,确定计算水磨石楼地面装饰部位相关尺寸,见表 2-4。

表 2-4 水磨石楼地面装饰部位

编号	房间(部位)	净长度/m	净宽度/m	柱或垛所占面积/m²
1	培训室	14.73	7.27	0.55×0.5
2	走廊	42.28−0.24	1.25	0
3	门厅	3.44	1.3	0
4	前厅	(5.32−0.12)×(3.63−1.25)+2.18×0.12+0.5×2.18×(3.63−1.25)+(1/4×π×2.22×2.22−0.5×2.22×2.22)		0.31×0.5 0.54×0.908+0.28×0.29

2. 根据整体面层清单工程量计算规则,计算相应部位的水磨石整体面层清单工程量。

$S_{培训室}=14.73\times7.27=107.087(m^2)$

$S_{走廊}=1.25\times(42.28-0.24)=52.550(m^2)$

$S_{门厅}=3.44\times1.3=4.472(m^2)$

$S_{前厅}=(5.32-0.12)\times(3.63-1.25)+2.18\times0.12+0.5\times2.18\times(3.63-1.25)+(1/4\times\pi\times2.22\times2.22-0.5\times2.22\times2.22)-(0.54\times0.908+0.28\times0.29)=16.064(m^2)$

$S_{水磨石}=S_{培训室}+S_{走廊}+S_{门厅}+S_{前厅}$
$=107.087+52.550+4.472+16.064$
$=180.17(m^2)$

注:(1)培训室中2个独立柱及附墙柱面积0.55×0.5<0.3,因此不扣除所占地面面积。

(2)前厅中凸出墙面柱所占面积0.31×0.5<0.3,因此不扣除所占地面面积。

3.根据《计算规范》编制水磨石楼地面工程清单项目,见表2-5。

表2-5 分部分项工程和单价措施清单与计价

序号	项目编码	项目名称	项目特征描述	计量单位	工程量	金额/元		
						综合单价	合价	其中
								暂估价
1	011101002001	现浇水磨石地面	1.找平层:20厚干混地面砂浆DS M20 2.面层:15厚1:2水泥彩色石子磨光打蜡 3.嵌条:安装玻璃分格条 4.素水泥浆:一道	m^2	180.17			

【拓展学习】

1.结合水磨石楼地面施工工艺,了解水磨石楼地面工程所用的材料以及相应的价格。

2.结合专业工程量计算软件,用软件计算水磨石楼地面清单工程量,培养理论分析及精准算量的职业技能。

【技能训练】

一、基础技能

1.【单选题】 下列楼地面装饰类型属于整体面层的是(　　)。

A.自流平楼地面　　B.防滑地砖楼地面

C.木地板　　D.橡塑地板

2.【单选题】 楼地面整体面层的清单项目工程量按设计图示尺寸以面积计算,应扣除(　　)的面积。

A. 柱、垛　　B. 凸出地面的设备基础、地沟等

C. 间壁墙　　D. 附墙烟囱

3.【多选题】 水泥砂浆楼地面按设计图示尺寸以面积计算，扣除(　　)所占面积。

A. 凸出地面的构筑物　　B. 凸出地面的设备基础　　C. 间壁墙

D. 0.3 m^2 以上的柱　　E. 门洞开口部分

4.【多选题】 按《计算规范》规定，水泥砂浆楼地面项目特征描述应包括以下(　　)内容。

A. 找平层厚度、砂浆配合比　　B. 素水泥浆遍数　　C. 面层厚度、配合比

D. 面层做法　　E. 嵌条种类

二、提高技能

编制如图2-2所示某房屋水泥砂浆楼地面工程的清单项目。地面做法如下：

(1)20 mm 厚1:2水泥砂浆抹面压实抹光。

(2)刷素水泥浆结合层一道。

(3)40 mm 厚C20细石混凝土找坡。

(4)聚氨酯涂膜防水层1.5 mm，周边卷起150 mm。

(5)40 mm 厚C20细石混凝土抹平。

(6)150 mm 厚3:7灰土垫层。

(7)素土夯实(不计算此项费用)。

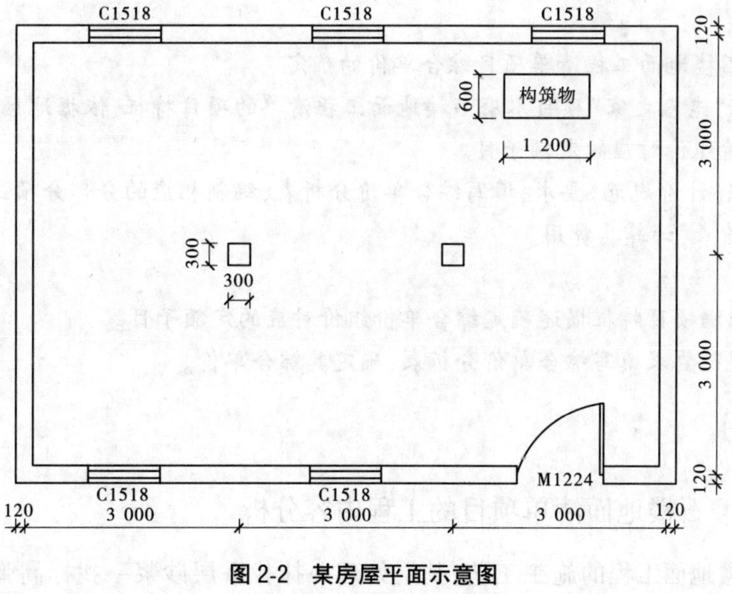

图2-2 某房屋平面示意图

【学后反思】

梳理本任务知识技能体系，构建知识图谱，参照附录1综合评价表完成自我评价，并完成一份学后反思总结。

任务 2.3　整体面层清单项目综合单价的确定
——以水磨石楼地面为例

【任务描述】

依据“老人之家”项目图纸，确定水磨石整体面层楼地面清单项目的综合单价及费用。

【学习目标】

1. 培养学生在原有知识体系上建构重组新知识的能力。

2. 培养理论分析、实践应用的职业技能。

3. 提升应用理论解决工程实际问题的方法途径，增强爱岗敬业的劳动态度。

【思政要点】

1. 引导学生在已学知识的基础上，打破课程界限，重组建构新知识，提高学生融会贯通的能力。

2. 培养学生的实践调查能力及实时更新数据，紧跟市场行业发展，精益求精的职业能力。

【任务分析】

1. 水磨石楼地面工程清单项目综合单价的确定

(1) 分析“老人之家”项目水磨石楼地面工程清单的项目特征，依据地区预算定额，确定其综合单价组价对应的定额子目。

(2) 按照《计价规范》要求，填写综合单价分析表，编制相应的分部分项工程和单价措施清单与计价表，计算其费用。

2. 难点

(1) 会依据项目特征描述确定综合单价组价对应的定额子目。

(2) 按规范要求填写综合单价分析表，确定其综合单价。

【知识资源】

2.3.1　水磨石楼地面清单项目的工程内容分析

水磨石楼地面工程的施工工艺：基层处理→抹找平层砂浆→找标高弹水平线→养护→弹分割线，嵌分隔条→拌制水磨石拌和料→涂刷结合层→铺设水磨石拌和料→磨平磨光→酸洗打蜡。

《计算规范》中表 L.1 水磨石整体面层楼地面工程清单项目编制中的工程内容包含了整个水磨石楼地面施工工艺要点。

2.3.2　水磨石楼地面清单项目的综合单价计算依据

本单元按照现行某省《预算定额》进行清单综合单价编制。该定额依据水磨石楼地面工程的施工工艺、不同的厚度、分色等因素，分类分解不同的定额子目，水磨石楼地面清单项目的综合单价根据具体的工作内容由下面的一个或者几个定额子目组价形成。

【任务解析】

1. 水磨石楼地面工程清单项目综合单价编制

（1）根据任务 2.2 中确定的"老人之家"项目现浇水磨石楼地面工程量清单，依据其项目特征描述，对照某省《预算定额》，从中选择、确定水磨石楼地面工程清单综合单价计算所对应的定额子目，见表 2-6。

表 2-6　水磨石楼地面工程清单项目与定额子目对应关系

项目编码	项目名称	项目特征描述	定额名称	定额子目	定额工作内容
011101002001	现浇水磨石楼地面	1. 找平层：20 厚干混地面砂浆 DS M20 2. 面层：15 厚 1:2 水泥彩色石子磨光打蜡 3. 嵌条：安装玻璃分格条 4. 素水泥浆：一道	15 mm 带嵌条分色水磨石楼地面	11-12	1. 清理基层 2. 面层铺设 3. 嵌玻璃条 4. 磨石抛光 5. 酸洗打蜡
			20 mm 硬基层上平面砂浆找平层	11-1	清理基层、调运砂浆、抹平、压实

（2）编制综合单价分析表（见表 2-7），确定其综合单价。

表 2-7　综合单价分析表

项目编码	011101002001	项目名称	现浇水磨石楼地面	计量单位	m^2	工程量	180.17

清单综合单价组成明细

定额编号	定额名称	定额单位	数量	单价				合价			
				人工费	材料费	机械费	管理费和利润	人工费	材料费	机械费	管理费和利润
11-12	15 mm 带嵌条分色水磨石楼地面	100 m^2	0.01	8 406.35	2 188.48	257.19	1 846.93	84.06	21.88	2.57	18.46

续表 2-7

定额编号	定额名称	定额单位	数量	单价				合价			
				人工费	材料费	机械费	管理费和利润	人工费	材料费	机械费	管理费和利润
11-1	20 mm 硬基层上平面砂浆找平	100 m^2	0.01	1 105.06	369.25	67.12	253.02	11.05	3.69	0.67	2.53
人工单价		小计						95.11	25.57	3.24	20.99
元/工日		未计价材料费						0			
清单项目综合单价								144.91			

2. 填写水磨石楼地面分部分项工程和单价措施清单与计价表(见表 2-8),计算其费用。

表 2-8　分部分项工程和单价措施清单与计价表

序号	项目编码	项目名称	项目特征描述	计量单位	工程量	金额/元		
						综合单价	合价	其中
								暂估价
1	011101002001	现浇水磨石楼地面	1. 找平层:20 厚干混地面砂浆 DS M20 2. 面层:15 厚 1:2水泥彩色石子磨光打蜡 3. 嵌条:安装玻璃分格条 4. 素水泥浆:一道	m^2	180.17	144.91	26 108.43	

【拓展学习】

1. 思考若水磨石地面构造做法嵌条为玻璃,该如何确定综合单价?

2. 结合专业造价软件,用软件查询市场价格,编制水磨石楼地面、自流平楼地面清单项目综合单价,提升职业技能水平。

【技能训练】

一、基础技能

1.【单选题】　按照现行某省《预算定额》,25 mm 带嵌条彩色镜面水磨石楼地面清单综合单价计算应选择的定额子目是(　　)。

A. 11-13　　B. 11-14　　C. 11-13 与 11-15

D. 11-14 与 11-15

2.【多选题】 清单综合单价包括(　　)。

A. 人工费　　B. 材料费　　C. 机械费

D. 管理费　　E. 利润

二、提高技能

编制图 2-2 整体楼地面清单项目的综合单价分析表并完善清单计价表。地面做法如下：

(1)20 mm 厚 1:2水泥砂浆抹面压实抹光。

(2)刷素水泥浆结合层一道。

(3)40 mm 厚 C20 细石混凝土找坡。

(4)聚氨酯涂膜防水层 1.5 mm，周边卷起 150 mm。

(5)40 mm 厚 C20 细石混凝土抹平。

(6)150 mm 厚 3:7灰土垫层。

(7)素土夯实(不计算此项费用)。

【学后反思】

梳理本任务知识技能体系，构建知识图谱，参照附录 1 综合评价表完成自我评价，并完成一份学后反思总结。

任务 2.4　块料、橡塑及其他面层清单项目编制

【任务描述】

依据“老人之家”项目图纸，编制块料、橡塑及其他面层楼地面装饰工程工程量清单。

【学习目标】

1. 提升学生使用规范的自主学习能力。
2. 强化学生使用规范解决实际问题的职业能力。
3. 强化学生严谨细致的工作态度及规范意识。

【思政要点】

1. 通过规范的学习及应用，强化学生规范、规则意识，做遵守法律法规、遵守职业道德的工程造价人。

2. 通过运用规范解决实际工程问题，培养理论联系实际、学以致用的学习能力及精准算量的职业技能。

【任务分析】

1. 块料、橡塑及其他面层楼地面工程清单项目编制

(1)依据《计算规范》附录 L.2~L.4,梳理块料、橡塑及其他面层清单工程量计算规则要点,尤其是对扣除构件和增加部分的理解。

(2)根据“老人之家”项目图纸,结合任务 2.1 列出的块料、橡塑及其他面层清单项目和具体的房间、部位,确定相应的长度、宽度,判断是否存在扣除构件及增加部分。

(3)按照规范工程量计算规则要求,计算“老人之家”工程的块料、橡塑及其他面层清单工程量,并完成清单项目的编制。

2. 重点

(1)确定图纸中块料、橡塑及其他面层装饰部位的面积,判断独立柱、附墙柱垛是否扣除。

(2)门洞开口部分是否增加,若增加如何计算增加面积。

【知识资源】

2.4.1 块料、橡塑及其他面层楼地面清单项目

参照《计算规范》中表 L.2~L.4,解析块料、橡塑及其他面层楼地面工程清单工程量计算规则。

2.4.1.1 注意事项

(1)在描述碎石材项目的面层材料特征时可不用描述规格、颜色。

(2)石材、块料与黏结材料的结合面刷防渗材料的种类在防护层材料种类中描述。

(3)工作内容中的磨边指施工现场磨边,与后面章节工作内容中涉及的磨边含义同。

(4)≤0.3 m^2 的柱、垛均不扣除。

(5)若门洞开口部分与室内材质相同,应并入;不同时,应分别列项计算。

2.4.1.2 块料、橡塑及其他面层清单工程量计算规则思维导图

块料、橡塑及其他面层清单工程量计算规则思维导图如图 2-3 所示。

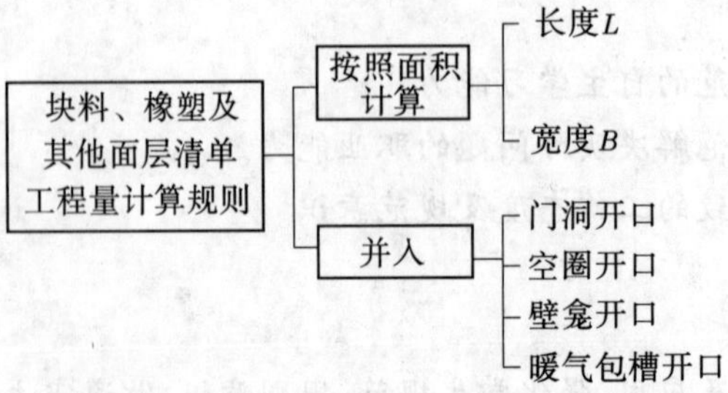

图 2-3 块料、橡塑及其他面层清单工程量计算规则思维导图

2.4.1.3 块料、橡塑及其他面层清单工程量计算公式

$$S = \text{设计图示尺寸面积} = \text{净长度}\, L \times \text{净宽度}\, B + S_{\text{并入部分}} \tag{2-2}$$

2.4.2 楼地面防水防潮、保温隔热清单项目

参照《计算规范》中表 J.4、表 K.1，解析楼地面防水防潮、保温隔热工程清单工程量计算规则。

(1)楼地面防水找平层按《计算规范》"平面砂浆找平层(011101006)"项目编码列项。

(2)楼地面防水搭接及附加层用量不另行计算，应在综合单价中考虑。

(3)楼地面防水与墙面连接时，反边高度>300 mm 按"墙面防水(010903)"相应项目编码列项。

(4)楼地面保温隔热工程在计算工程量清单时应扣除面积>0.3 m² 的柱、垛、孔洞等所占面积，门洞、空圈等开口面积不增加。

【任务解析】

1.识读"老人之家"图纸，结合任务 2.1 列出的块料、橡塑及其他面层清单项目，确定计算块料、橡塑及其他面层装饰部位相关尺寸，见表 2-9。

表 2-9 块料、橡塑及其他面层楼地面装饰部位表

装饰类型	房间	净长度/m	净宽度/m	柱或垛面积/m²	门洞开口面积/m²
木地板	棋牌室	3.99	4.33	0.38×0.16<0.3 0.38×0.55<0.3	0.9×0.12
木地板	阅读书画室	$S_{面积}$=(3.02+3.48)×7.27−3.48×(0.24+0.18−0.12)−0.5×[6.5−(2.94+0.36+0.8+0.1)]×(7.27+0.12−0.18−0.24−2.77−0.12−1.68)−(1/4×π×2.34×2.34−0.5×2.34×2.34)		0.15×0.5<0.3	0.9×0.12
塑胶地板	活动室	$S_{面积}$=3.44×(5.95−2.88−0.26)+2.88×(8.01−0.12)+0.26×1.95		0.5×0.55<0.3 0.5×0.16<0.3	0.9×0.12
塑胶地板	娱乐室	7.25	7.36	0.43×0.5<0.3 0.43×0.38<0.3	1.7×0.12
防滑地砖地面	卫生间 女	2.16	2.77	0.28×0.5<0.3	0.9×0.12
防滑地砖地面	卫生间 男	2.8	2.77	0.17×0.5<0.3	0.9×0.12
防滑地砖地面	洗手区	1.68	5.08	0.5×0.17<0.3	0

2.根据块料、橡塑及其他面层清单工程量计算规则，计算相应部位的块料、橡塑及其他面层清单工程量。

$S_{木地板}$=3.99×4.33+(3.02+3.48)×7.27−3.48×(0.24+0.18−0.12)−0.5×[6.5−(2.94+0.36+0.8+0.1)]×(7.27+0.12−0.18−0.24−2.77−0.12−1.68)−(1/4×π×2.34×2.34−0.5×2.34×2.34)+0.9×0.12+0.9×0.12=59.38(m²)

$$S_{塑胶地板}=3.44\times(5.95-2.88-0.26)+2.88\times(8.01-0.12)+0.26\times1.95+7.25\times7.36+0.9\times0.12+1.7\times0.12=86.57(\text{m}^2)$$

$$S_{防滑地砖}=2.16\times2.77+2.8\times2.77+0.9\times0.12+0.9\times0.12+2.7\times0.2(\text{地台侧面})+1.34\times0.2+1.97\times0.2(\text{地台侧面})+1.68\times5.08=23.67(\text{m}^2)$$

注：(1)独立柱及附墙柱面积≤0.3 m^2，不扣除所占地面面积。

(2)卫生间地台侧面装饰展开并入地面装饰面积。

(3)洗手区门洞开口过门石与洗手区材质不同，不应并入室内。

3.识读"老人之家"图纸，确定计算保温楼地面、防水楼地面部位相关尺寸，见表2-10、表2-11。

表2-10　保温楼地面装饰部位表

<table>
<tr><th>装饰类型</th><th>房间</th><th>净长度/m</th><th>净宽度/m</th><th>柱或垛面积/m^2</th></tr>
<tr><td rowspan="2">聚苯乙烯板保温</td><td>棋牌室</td><td>3.99</td><td>4.33</td><td>$0.38\times0.16<0.3$
$0.38\times0.55<0.3$</td></tr>
<tr><td>阅读书画室</td><td colspan="2">$S_{面积}=(3.02+3.48)\times7.27-3.48\times(0.24+0.18-0.12)-0.5\times[6.5-(2.94+0.36+0.8+0.1)]\times(7.27+0.12-0.18-0.24-2.77-0.12-1.68)-(1/4\times\pi\times2.34\times2.34-0.5\times2.34\times2.34)$</td><td>$0.15\times0.5<0.3$</td></tr>
</table>

表2-11　防水楼地面装饰部位表

<table>
<tr><th>装饰类型</th><th colspan="2">房间</th><th>净长度/m</th><th>净宽度/m</th><th>柱或垛面积/m^2</th><th>反边增加部分面积/m^2</th></tr>
<tr><td rowspan="3">涂料防水</td><td rowspan="2">卫生间</td><td>女</td><td>2.16</td><td>2.77</td><td>$0.28\times0.5<0.3$</td><td>$(2.16-0.9+2.16+2.77\times2)\times0.3+2.77\times0.2$(地台侧面)</td></tr>
<tr><td>男</td><td>2.8</td><td>2.77</td><td>$0.17\times0.5<0.3$</td><td>$(2.8-0.9+2.8+2.77\times2)\times0.3+1.34\times0.2+1.97\times0.2$(地台侧面)</td></tr>
<tr><td colspan="2">洗手区</td><td>1.68</td><td>5.08</td><td>$0.5\times0.17<0.3$</td><td>$(5.08-3.28+5.08-0.9\times2+1.68\times2)\times0.3$</td></tr>
</table>

4.根据防水楼地面、保温楼地面清单工程量计算规则，计算相应部位的防水、保温清单工程量。

$$S_{保温}=3.99\times4.33+(3.02+3.48)\times7.27-3.48\times(0.24+0.18-0.12)-0.5\times[6.5-(2.94+0.36+0.8+0.1)]\times(7.27+0.12-0.18-0.24-2.77-0.12-1.68)-(1/4\times\pi\times2.34\times2.34-0.5\times2.34\times2.34)=59.61(\text{m}^2)$$

$$S_{防水}=2.16\times2.77+2.8\times2.77+1.68\times5.08+(2.16-0.9+2.16+2.77\times2)\times0.3+2.77\times0.2+(2.8-0.9+2.8+2.77\times2)\times0.3+1.34\times0.2+1.97\times0.2+(5.08-3.28+5.08-0.9\times2+1.68\times2)\times0.3=31.78(\text{m}^2)$$

5.编制块料、橡塑及其他面层楼地面工程，楼地面防水、保温工程清单项目，见表 2-12。

表 2-12　分部分项工程和单价措施清单与计价表

序号	项目编码	项目名称	项目特征描述	计量单位	工程量	金额/元		
						综合单价	合价	其中 暂估价
1	011104002001	木地板	1. 面层:12 厚成品实木复合地板 2. 基层:50 厚干铺聚苯乙烯板	m^2	59.38			
2	011102003001	块料楼地面	1. 找平层:15 厚干混地面砂浆 DS M20 2. 面层:300×300×8 防滑地砖铺贴,白水泥勾缝 3. 结合层:素水泥浆一道 4. 基层:聚氨酯防水涂料填充材料	m^2	23.67			
3	011103003001	塑胶地板	1. 面层:3 厚硬质塑胶地板,专用胶黏剂粘贴 2. 找平层:20 厚干混地面砂浆 DS M20 找平	m^2	86.57			
4	010904002001	涂膜防水楼地面	1. 防水膜品种:聚氨酯 2. 涂膜厚度、遍数:2 mm 厚、三遍 3. 反边高度:1.5 m	m^2	31.78			
5	011001005001	保温隔热楼地面	1. 保温部位:棋牌室,阅读书画室 2. 保温材料:50 厚干铺聚苯乙烯板	m^2	59.61			

【拓展学习】

1. 通过信息检索、市场调研等方式,结合防滑地砖、木地板、塑胶地板楼地面施工工艺,了解现阶段防滑地砖、木地板、塑胶地板楼地面工程所用的材料及相应的价格。

2. 结合专业工程量计算软件,用软件计算防滑地砖、木地板、塑胶地板楼地面清单工程量,培养学生理论分析及精准算量的职业技能。

【技能训练】

一、基础技能

1.【单选题】 下列楼地面装饰类型属于块料面层的是(　　)。

A. 自流平楼地面　　B. 防滑地砖楼地面

C. 木地板　　D. 橡塑地板

2.【单选题】 楼地面工程块料面层按设计图示尺寸(　　)计算工程量。

A. 实铺面积　　B. 建筑面积

C. 主墙间的净面积　　D. 墙内边线围成的面积

3.【多选题】 块料楼地面按设计图示尺寸以面积计算。扣除(　　)所占面积。

A. 凸出地面的构筑物　　B. 凸出地面的设备基础　　C. 间壁墙

D. 0.3 m^2 以内的柱　　E. 门洞开口部分

4.【多选题】 按《计算规范》规定,块料面层楼地面项目特征描述应包括以下(　　)内容。

A. 找平层厚度、砂浆配合比　　B. 素水泥浆遍数　　C. 面层厚度、配合比

D. 面层做法　　E. 嵌条种类

二、提高技能

1. 编制图 2-2 某房屋大理石楼地面工程的清单项目。地面做法如下:

(1) 20 mm 厚大理石(600×600)楼面,白水泥浆擦缝。

(2) 刷素水泥浆结合层一道。

(3) 30 mm 厚 1:4 干硬性水泥砂浆结合层。

(4) 20 mm 厚 1:3 水泥砂浆找平层。

(5) 现浇钢筋混凝土楼板。

2. 依据实际建筑装饰施工图纸编制相应块料、橡塑及其他面层楼地面工程量清单。

【学后反思】

梳理本任务知识技能体系,构建知识图谱,参照附录 1 综合评价表完成自我评价,并完成一份学后反思总结。

任务 2.5　块料、橡塑及其他面层清单项目综合单价的确定

【任务描述】

依据"老人之家"项目图纸,确定防滑地砖块料面层、塑胶地板橡塑面层及木地板其他面层楼地面清单项目的综合单价及费用。

【学习目标】

1. 强化在原有知识体系建构重组新知识的能力。

2. 提高理论分析、实践应用的职业技能。

3. 提升应用理论解决工程实际问题的方法途径,增强爱岗敬业的劳动态度。

【思政要点】

1. 引导学生在已学知识的基础上,打破课程界限,重组建构新知识,提高学生融会贯通的能力。

2. 培养学生的实践调查能力,提高学生实时更新数据、紧跟市场行业发展、精益求精的职业能力。

【任务分析】

1. 防滑地砖块料面层、塑胶地板橡塑面层及木地板其他面层楼地面工程清单项目综合单价确定

(1)分析"老人之家"项目防滑地砖块料面层、塑胶地板橡塑面层及木地板其他面层楼地面工程清单的项目特征描述,依据地区预算定额,确定其综合单价组价对应的定额子目。

(2)按《计价规范》要求,填写综合单价分析表,并完成相应的分部分项工程和单价措施清单与计价表,计算其费用。

2. 难点

(1)会根据项目特征描述,确定防滑地砖、橡胶地板、木地板清单项目综合单价组价对应的定额子目。

(2)按规范要求填写相应的综合单价分析表,确定其综合单价。

【知识资源】

2.5.1 块料面层、橡塑及其他面层楼地面清单项目的工程内容分析

2.5.1.1 防滑地砖块料面层清单项目工程内容

防滑地砖楼地面工程的施工工艺:基层处理→贴灰饼冲筋→抹找平层砂浆→弹线排砖→铺结合层砂浆→铺砖→勾缝→养护。

《计算规范》中表 L.2 块料面层楼地面工程清单项目编制中的工程内容包含了整个防滑地砖楼地面施工工艺要点。

2.5.1.2 塑胶地板橡塑面层清单项目工程内容

塑胶地板橡塑面层楼地面工程施工工艺:基层表面处理→放线→预铺→均匀涂胶→铺塑胶地板→滚压→养护。

《计算规范》中表 L.3 橡塑面层楼地面工程清单项目编制中的工程内容包含了整个塑胶地板橡塑面层施工工艺要点。

2.5.1.3 木地板其他面层清单项目工程内容

木地板其他面层楼地面工程施工工艺分为粘贴法和实铺法两种。其中,粘贴法施工工艺为:基层清理→涂刷底胶→弹线、找平→钻孔、安装预埋件→安装毛地板、找平、刨平→钉木地板、找平、刨平→钉踢脚板→刨光、打磨→油漆→上蜡。实铺法施工工艺为:基层清理→弹线→钻孔安装预埋件→地面防潮、防水处理→安装木龙骨→垫保温层→弹线、钉装毛地板→找平、刨平→钉木地板、找平、刨平→装踢脚板→刨光、打磨→油漆→上蜡。

《计算规范》中表 L.4 木地板其他面层楼地面工程清单项目编制中的工程内容包含了整个木地板楼地面施工工艺要点。

2.5.2 块料面层、橡塑及其他面层楼地面清单项目的综合单价计算依据

本单元按照现行某省《预算定额》进行清单综合单价编制。该定额依据防滑地砖大小尺寸、木地板铺设方式等因素,分类分解为不同的定额子目,防滑地砖块料面层、塑胶地板橡塑面层、木地板其他面层楼地面清单项目的综合单价根据具体的工作内容由下面的一个或者几个定额子目组价形成。

2.5.3 楼地面防水清单项目的综合单价计算依据

本单元按照现行某省《预算定额》进行清单综合单价编制。该定额依据防水材质及厚度,分类分解为不同的定额子目。聚氨酯防水楼地面清单项目的综合单价根据具体的工作内容由下面的一个或者几个定额子目组价形成。

【任务解析】

1. 楼地面块料面层清单项目综合单价编制

(1)根据任务 2.4 中确定的“老人之家”项目防滑地砖楼地面工程量清单,见表 2-12,依据各分项工程的项目特征描述,对照某省《预算定额》,从中选择确定防滑地砖楼地面工程清单综合单价计算所对应的定额子目,见表 2-13。

表 2-13 块料面层清单项目与定额子目对应关系

项目编码	项目名称	项目特征描述	定额名称	定额子目	定额工作内容
011102003001	块料楼地面	1. 找平层:15 厚干混地面砂浆 DS M20 2. 面层:300×300×8 防滑地砖铺贴,白水泥勾缝 3. 结合层:素水泥浆一道 4. 基层:聚氨酯防水涂料填充材料	0.1 m^2 以内陶瓷地面砖	11-30	1. 清理基层 2. 试排划线 3. 锯板修边 4. 铺抹结合层 5. 铺贴饰面 6. 清理净面
			20 mm 填充材料上平面砂浆找平	11-2	清理基层、调运砂浆、抹平、压实
			平面砂浆找平层每增减 1 mm	11-3	

(2)编制综合单价分析表,确定其综合单价,见表 2-14。

表 2-14　综合单价分析表

项目编码	011101003001		项目名称		块料楼地面		计量单位		m^2	工程量	23.67
清单综合单价组成明细											
定额编号	定额名称	定额单位	数量	单价				合价			
				人工费	材料费	机械费	管理费和利润	人工费	材料费	机械费	管理费和利润
11-30	0.1 m^2 以内陶瓷地面砖	100 m^2	0.01	3 189.64	6 139.75	67.12	708.66	31.90	61.40	0.67	7.09
11-2	20 mm 填充材料上平面砂浆找平	100 m^2	0.01	1 320.78	461.05	83.90	303.08	13.21	4.61	0.84	3.03
换 11-3	平面砂浆找平层每增减 1 mm(减 5 mm)	100 m^2	0.01	-151	-91.8	-16.8	-35.5	-1.51	-0.92	-0.17	-0.36
人工单价		小计						43.60	65.09	1.34	9.76
元/工日		未计价材料费						0			
清单项目综合单价								119.79			

2. 楼地面橡塑面层清单项目综合单价编制

(1)根据任务 2.4 中确定的“老人之家”项目橡塑面层楼地面工程量清单,见表 2-12,依据各分项工程的项目特征描述,对照某省《预算定额》,从中选择确定塑胶地板清单综合单价计算所对应的定额子目,见表 2-15。

表 2-15　塑料板清单项目与定额子目对应关系

项目编码	项目名称	项目特征描述	定额名称	定额子目	定额工作内容
011103003001	塑料板楼地面	1. 面层:3 厚硬质塑胶地板,专用胶黏剂粘贴 2. 找平层:20 厚干混地面砂浆 DS M20 找平	塑料板	11-47	1. 清理基层 2. 划线 3. 刮腻子 4. 涂刷胶黏剂 5. 贴面层 6. 收口、净面
			20 mm 水泥砂浆找平层(混凝土或硬基层上)	11-1	清理基层、调运砂浆、抹平、压实

(2)编制综合单价分析表,确定其综合单价,见表2-16。

表2-16 综合单价分析表

项目编码	011103003001	项目名称	塑料板楼地面		计量单位	m²		工程量		86.57
清单综合单价组成明细										
定额编号	定额名称	定额单位	数量	单价				合价		
				人工费	材料费	机械费	管理费和利润	人工费	材料费	机械费	管理费和利润
11-47	塑料板	100 m²	0.01	2 633.56	3 450.66	0	575.73	26.34	34.51	0	5.76
11-1	20 mm混凝土或硬基层上平面砂浆找平	100 m²	0.01	1 105.06	369.25	67.12	253.02	11.05	3.69	0.67	2.53
人工单价		小计						37.39	38.20	0.67	8.29
元/工日		未计价材料费						0			
清单项目综合单价								84.55			

3.楼地面木地板清单项目综合单价编制

(1)根据任务2.4中确定的"老人之家"项目木地板楼地面工程量清单,见表2-12,依据各分项工程的项目特征描述,对照某省《预算定额》,从中选择确定木地板清单综合单价计算所对应的定额子目,见表2-17。

表2-17 木地板清单项目与定额子目对应关系

项目编码	项目名称	项目特征描述	定额名称	定额子目	定额工作内容
011104002001	木地板	1.面层:12厚成品实木复合地板 2.基层:50厚干铺聚苯乙烯板 3.找平层:20厚干混地面砂浆DS M20找平	条形复合地板成品安装(铺在水泥地面上)	11-54	1.清理基层 2.铺设防水卷材 3.铺设面层 4.钉木龙骨铺面层 5.清理净面
			干铺50 mm聚苯乙烯板	10-99	清理基层、贴铺保温板
			20 mm水泥砂浆找平层(混凝土或硬基层上)	11-1	清理基层、调运砂浆、抹平、压实

(2)编制综合单价分析表,确定其综合单价,见表2-18。

表 2-18　综合单价分析表

项目编码	011104002001	项目名称	木地板				计量单位	m²		工程量	59.38
清单综合单价组成明细											
定额编号	定额名称	定额单位	数量	单价				合价			
				人工费	材料费	机械费	管理费和利润	人工费	材料费	机械费	管理费和利润
11-54	条形复合地板成品安装(铺在水泥地面上)	100 m²	0.01	1 837.37	37 792.28	0	401.52	18.37	377.92	0	4.01
10-99	干铺 50 mm 聚苯乙烯板	100 m²	0.01	297.45	1 530.00	0	72.13	2.97	15.30	0	0.72
11-1	20 mm 混凝土或硬基层上平面砂浆找平	100 m²	0.01	1 105.06	369.25	67.12	253.02	11.05	3.69	0.67	2.53
人工单价		小计						32.39	396.91	0.67	7.26
元/工日		未计价材料费						0			
清单项目综合单价								437.23			

4. 块料面层、橡塑及其他面层楼地面工程的分部分项工程和单价措施清单与计价表见表 2-19。

表 2-19　分部分项工程和单价措施清单与计价表

序号	项目编码	项目名称	项目特征描述	计量单位	工程量	金额/元		
						综合单价	合价	其中
								暂估价
1	011101003001	块料楼地面	1. 找平层:15 厚干混地面砂浆 DS M20 2. 面层:300×300×8 防滑地砖铺贴,白水泥勾缝 3. 结合层:素水泥浆一道 4. 基层:聚氨酯防水涂料填充材料	m²	23.67	119.79	2 835.43	

续表 2-19

序号	项目编码	项目名称	项目特征描述	计量单位	工程量	金额/元		
						综合单价	合价	其中 暂估价
2	011103003001	塑料板楼地面	1. 面层:3 厚硬质塑胶地板,专用胶黏剂粘贴 2. 找平层:20 厚干混地面砂浆 DS M20 找平	m^2	86.57	84.55	7 319.49	
3	011104002001	木地板	1. 面层:12 厚成品实木复合地板 2. 基层:50 厚干铺聚苯乙烯板 3. 找平层:20 厚干混地面砂浆 DS M20 找平	m^2	59.38	437.23	25 962.72	

5. 防水楼地面工程清单项目综合单价确定

(1)根据任务 2.4 中确定的“老人之家”项目防水楼地面工程量清单(见表 2-12),依据各分项工程的项目特征描述,对照某省《预算定额》,从中选择确定楼地面防水工程清单综合单价计算所对应的定额子目,见表 2-20。

表 2-20　防水楼地面工程清单项目与定额子目对应关系

项目编码	项目名称	项目特征描述	定额名称	定额子目	定额工作内容
010904002001	涂膜防水楼地面	1. 防水膜品种:聚氨酯 2. 涂膜厚度、遍数:2 mm、三遍 3. 反边高度:1.5 m	2 mm 聚氨酯防水涂膜(平面)	9-71	清理基层,调配及涂刷涂料
			20 mm 混凝土或硬基层上平面砂浆找平层	11-1	清理基层、调运砂浆、抹平、压实

(2)编制综合单价分析表,确定其综合单价,见表 2-21。

表 2-21　综合单价分析表

项目编码	010904002001		项目名称	楼地面涂膜防水			计量单位	m²		工程量	31.78
清单综合单价组成明细											
定额编号	定额名称	定额单位	数量	单价				合价			
				人工费	材料费	机械费	管理费和利润	人工费	材料费	机械费	管理费和利润
9-71	2 mm 厚聚氨酯防水层	100 m²	0.01	384.82	3 336.36	0	102.31	3.85	33.36	0	1.02
11-1	20 mm 混凝土或硬基层上平面砂浆找平层	100 m²	0.01	1 105.06	369.25	67.12	253.02	11.05	3.69	0.67	2.53
人工单价		小计						14.90	37.05	0.67	3.55
元/工日		未计价材料费						0			
清单项目综合单价								56.17			

6. 防水楼地面工程的分部分项工程和单价措施清单与计价表,见表 2-22。

表 2-22　分部分项工程和单价措施清单与计价表

序号	项目编码	项目名称	项目特征描述	计量单位	工程量	金额/元		
						综合单价	合价	其中
								暂估价
1	010904002001	涂膜防水楼地面	1. 防水膜品种:聚氨酯 2. 涂膜厚度、遍数:2 mm 厚、三遍 3. 反边高度:1.5 m	m²	31.78	56.17	1 785.08	

【拓展学习】

1. 请结合专业知识实践调研,查询不同时期、不同地区防滑地砖楼地面价格信息,及时更新相应的综合单价。

2. 结合专业造价软件,用软件查询市场价格,编制防滑地砖楼地面、木地板、塑胶地板、防水、保温隔热清单项目综合单价,确定其费用,提升职业技能水平。

【技能训练】

一、基础技能

1.【单选题】 最能体现一个分项工程价值的是(　　)。

A. 项目名称　　B. 项目编码

C. 项目特征　　D. 计量单位

2.【多选题】 按照《计算规范》,橡胶板楼地面项目特征描述内容包括(　　)。

A. 黏结层厚度　　B. 黏结层材料、种类　　C. 面层材料品种

D. 面层材料规格、颜色　　E. 压线条种类

二、提高技能

1. 编制图 2-2 块料大理石楼地面清单项目的综合单价分析表并完善清单计价表,并完成报价。地面做法如下:

(1)20 mm 厚大理石(600×600)楼面,白水泥浆擦缝。

(2)刷素水泥浆结合层一道。

(3)30 mm 厚 1:4干硬性水泥砂浆结合层。

(4)20 mm 厚 1:3水泥砂浆找平层。

(5)现浇钢筋混凝土楼板。

2. 依据实际建筑装饰施工图纸编制相应的块料面层、橡塑及其他面层、防水、保温隔热楼地面工程清单项目的综合单价分析表,并计算其费用。

【学后反思】

梳理本任务知识技能体系,构建知识图谱,参照附录 1 综合评价表完成自我评价,并完成一份学后反思总结。

任务 2.6　踢脚线工程清单项目编制

【任务描述】

依据“老人之家”项目图纸,编制踢脚线工程清单项目的工程量清单。

【学习目标】

1. 理解踢脚线清单工程量计算规则内涵,明晰踢脚线装饰工程的常规工作内容,提高使用规范的自主学习能力。

2. 提高使用规范解决实际问题的职业能力。

3. 提高严谨细致的工作态度及规范意识。

【思政要点】

1. 通过进一步学习规范、应用规范，引导规范、规则意识，做遵守法律法规、遵守职业道德、遵守校规校纪、遵守社会公德的好公民。

2. 通过运用规范解决实际工程问题，提高理论联系实际、学以致用的学习能力及精准算量的职业技能。

【任务分析】

1. 辨析踢脚线装饰类型

通过实践调研，收集踢脚线装饰的信息，探究常见的踢脚线装饰类型，完成表 2-23 内容。

表 2-23　房间(部位)踢脚线装饰表

编号	房间(部位)	踢脚线装饰类型	踢脚线装饰构造做法
1			
⋮			

2. 依据“老人之家”项目图纸，列出相应的踢脚线装饰类型清单的项目编码、项目名称、项目特征、计量单位。

(1) 识读“老人之家”项目图纸，列出各部位踢脚线装饰的具体做法。

(2) 查阅《计算规范》中楼地面装饰工程的 L. 5 的各分项工程的清单项目名称分类，辨析理解各清单项目的工作内容。

(3) 将“老人之家”项目图纸中的踢脚线装饰做法与《计算规范》中踢脚线装饰工程的清单项目匹配对应。

3. 踢脚线装饰工程清单项目编制

(1) 依据《计算规范》附录 L. 5，梳理踢脚线清单工程量计算规则要点，尤其是判断柱、门洞侧壁是否增加。

(2) 根据“老人之家”项目图纸，结合列出的踢脚线装饰类型和具体的房间、部位，确定相应的长度、宽度，判断是否存在扣除构件及增加部分。

(3) 按规范要求计算“老人之家”工程的踢脚线清单工程量，并完成清单项目的编制。

4. 重点

(1) 确定图纸中踢脚线装饰部位长度。

(2) 判断柱、门洞侧壁是否增加。

【知识资源】

解析踢脚线工程清单工程量计算规则参照《计算规范》中表 L. 5。

2. 6. 1　注意事项

(1) 扣除门洞、空圈等开口部分长度或所占面积。

(2)增加门洞、空圈等开口部分侧壁长度或面积,以及凸出楼地面构件的踢脚线长度或面积。

2.6.2 踢脚线清单工程量计算规则思维导图

踢脚线工程清单工程量计算规则思维导图如图 2-4 所示。

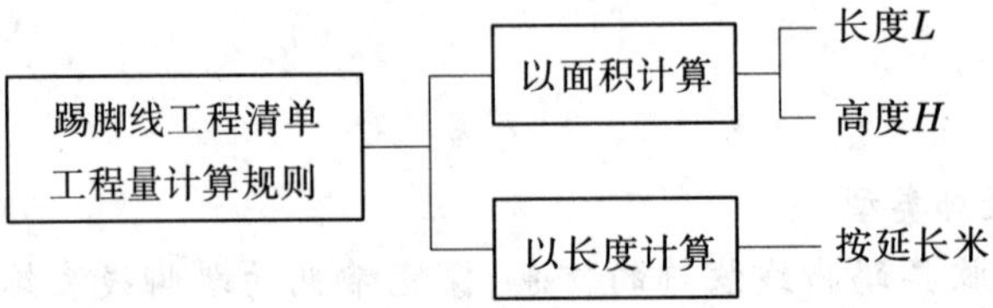

图 2-4 踢脚线工程清单工程量计算规则思维导图

2.6.3 踢脚线清单工程量计算公式

$$S = \text{设计图示尺寸长度} \times \text{高度} \tag{2-3}$$

或

$$L = \text{设计图示尺寸长度} \tag{2-4}$$

【任务解析】

1. 识读"老人之家"项目图纸,按房间(部位)列出踢脚线装饰类型,见表 2-24。

表 2-24 房间(部位)踢脚线装饰表

编号	房间/(部位)	装饰类型	装饰构造做法
1	棋牌室	木质踢脚线	100 高成品实木踢脚线
2	阅读书画室		
3	活动室		
4	娱乐室		
5	培训室	陶瓷地砖踢脚线	1:2水泥砂浆粘贴 100 高陶瓷地砖踢脚线
6	走廊		
7	前厅		
8	门厅		

2. 对照《计算规范》中踢脚线工程中的分项工程的项目名称,将"老人之家"图纸中的相关踢脚线的装饰做法按清单规范要求分类汇总,确定项目名称、项目编码、计量单位,描述项目特征,见表 2-25。

表2-25　踢脚线装饰清单列项

序号	项目编码	项目名称	项目特征	计量单位
1	011105005001	实木踢脚线	1. 踢脚线高度:100 mm 2. 踢脚线材质:成品实木踢脚线	m^2
2	011105003001	陶瓷地砖踢脚线	1. 踢脚线高度:100 mm 2. 基层材料:1:2水泥砂浆粘贴 3. 踢脚线粘贴材料:陶瓷地砖	m^2

3. 踢脚线工程清单项目编制

(1)识读"老人之家"项目图纸,结合列出的踢脚线清单项目,计算确定踢脚线装饰部位相关尺寸,见表2-26。

表2-26　踢脚线装饰部位尺寸表

部位		A墙净长度/m	B墙净长度/m	C墙净长度/m	D墙净长度/m
陶瓷地砖踢脚线					
培训室		14.73−2.4×2+(0.5−0.06)×3+(0.5−0.12)	7.27	14.73	7.27
走廊		42.04	1.25−1.00+0.12×2(门侧壁)	42.28−0.12−5.32−6.5+2.94+0.36+0.1+0.12−1.7−2.4×2−3.44+0.06×4(门侧壁)	0
门厅		0	1.3−0.9+0.06×2(门侧壁)	3.44−0.9+0.06×2(门侧壁)	1.3
前厅		0	π×(2.34−0.12)×2×1/4	0.9×2+0.12+0.12×2(空圈侧壁)	3.63−1.00+0.12×2(门侧壁)+(0.55−0.24)×2(柱凸出墙面侧壁)
独立柱	培训室	陶瓷地砖踢脚线长度 $L=(0.5+0.55)\times2\times2$			
独立柱	前厅	陶瓷地砖踢脚线长度 $L=(0.908+0.83)\times2$			
木质踢脚线					
棋牌室		4.33+(0.5−0.12)×2(柱侧壁)	3.99+(0.4−0.24)	4.33	3.99−0.9
活动室		7.89−0.8	5.69+(0.4−0.24)×2	7.89+0.24	5.95
娱乐室		6.5+(0.55−0.12)×2−1.7	7.25+(0.55−0.12)×2	7.36	7.25+(0.55−0.12)×2
阅读书画室		4.2−0.9	7.25	6.5+0.24	2.34×2×π×1/4+2.77+0.12+0.07+4.11+1.37−3.63−0.12−0.12
独立柱	活动室	木质踢脚线长度 $L=(0.5+0.55)\times2$			

(2)根据踢脚线清单工程量计算规则,计算相应部位的踢脚线清单工程量。

$L_{培训室}=14.73-2.4\times2+(0.5-0.06)\times3+(0.5-0.12)+7.27+14.73+7.27=40.90(m)$

$L_{走廊}=42.04+1.25-1.00+0.12\times2+42.28-0.12-5.32-6.5+2.94+0.36+0.1+0.12-1.7-2.4\times2-3.44+0.06\times4=66.69(m)$

$L_{门厅}=1.3-0.9+0.06\times2+3.44-0.9+0.06\times2+1.3=4.48(m)$

$L_{前厅}=\pi\times(2.34-0.12)\times2\times1/4+0.9\times2+0.12+0.12\times2+3.63-1.00+0.12\times2+(0.55-0.24)\times2=9.137(m)$

$L_{前厅、培训室独立柱}=(0.5+0.55)\times2\times2+(0.908+0.83)\times2=7.676(m)$

所以,陶瓷地砖踢脚线长度 $L=L_{培训室}+L_{走廊}+L_{门厅}+L_{前厅}+L_{独立柱}=128.88$ m

陶瓷地砖踢脚线面积 $S=128.88\times0.1=12.89(m^2)$

$L_{棋牌室}=4.33+(0.5-0.12)\times2+3.99+(0.4-0.24)+4.33+3.99-0.9=16.66(m)$

$L_{活动室}=7.89-0.8+5.69+(0.4-0.24)\times2+7.89+0.24+5.95=27.18(m)$

$L_{娱乐室}=6.5+(0.55-0.12)\times2-1.7+7.25+(0.55-0.12)\times2+7.36+7.25+(0.55-0.12)\times2=29.24(m)$

$L_{阅读书画室}=4.2-0.9+7.25+6.5+0.24+2.34\times2\times\pi\times1/4+2.77+0.12+0.07+4.11+1.37-3.63-0.12-0.12=25.536(m)$

$L_{活动室独立柱}=(0.5+0.55)\times2=2.1(m)$

所以,木质踢脚线长度 $L=L_{棋牌室}+L_{活动室}+L_{娱乐室}+L_{阅读书画室}+L_{活动室独立柱}=100.72$ m

木质踢脚线面积 $S=100.72\times0.1=10.07(m^2)$

(3)根据《计算规范》编制踢脚线工程清单项目,见表2-27。

表2-27 分部分项工程和单价措施清单与计价表

序号	项目编码	项目名称	项目特征描述	计量单位	工程量	金额/元		
						综合单价	合价	其中 暂估价
1	011105005001	实木踢脚线	1. 踢脚线高度:100 mm 2. 踢脚线材质:成品实木踢脚线	m^2	12.89			
2	011105003001	陶瓷地砖踢脚线	1. 踢脚线高度:100 mm 2. 基层材料:1∶2水泥砂浆粘贴 3. 踢脚线粘贴材料:陶瓷地砖	m^2	10.07			

【拓展学习】

1. 通过信息检索、市场调研等方式,结合踢脚线施工工艺,了解现阶段踢脚线工程所用的材料以及相应的价格。

2. 结合专业工程量计算软件，用软件计算踢脚线清单工程量，培养理论分析及精准算量的职业技能。

【技能训练】

一、基础技能

1.【单选题】　大理石踢脚线按(　　)计算。

A. 设计图示尺寸长度　　B. 设计图示尺寸长度乘以高度以面积

C. 设计图示尺寸体积　　D. A 或 B

2.【多选题】　块料踢脚线按设计图示尺寸以长度计算，扣除(　　)所占长度。

A. 门洞　　B. 空圈　　C. 门洞侧壁

D. 柱侧壁　　E. 空圈侧壁

3.【多选题】　按《计算规范》规定，木质踢脚线项目特征描述应包括以下(　　)内容。

A. 踢脚线高度　　B. 基层材料种类　　C. 基层材料规格

D. 面层材料规格　　E. 面层材料颜色

二、提高技能

编制图2-2某房屋水泥砂浆踢脚线的清单项目。楼地面踢脚线做法如下：

(1)10 mm 1:2水泥砂浆踢脚线(150 mm 高，含柱、构筑物)。

(2)15 mm 1:3水泥砂浆打底。

【学后反思】

梳理本任务知识技能体系，构建知识图谱，参照附录1综合评价表完成自我评价，并完成一份学后反思总结。

任务2.7　踢脚线工程清单项目综合单价的确定

【任务描述】

依据“老人之家”项目图纸，确定踢脚线工程清单项目的综合单价及费用。

【学习目标】

1. 提高在原有知识体系上建构、重组新知识的能力。

2. 提高理论分析、实践应用的职业技能。

3. 提升应用理论解决工程实际问题的方法途径，增强爱岗敬业的责任意识。

【思政要点】

1. 引导学生打破课程界限，提高融会贯通的能力。

2. 提高学生的实践调查能力，以及实时更新数据、紧跟市场行业发展、精益求精的职业能力。

【任务分析】

1. 踢脚线工程清单项目综合单价确定

(1) 分析"老人之家"项目瓷砖踢脚线、木质踢脚线清单的项目特征，依据地区预算定额，确定陶瓷地砖踢脚线、木质踢脚线清单项目综合单价组价对应的定额子目。

(2) 按《计价规范》要求，填写综合单价分析表，编制相应的分部分项工程和单价措施清单与计价表，计算其费用。

2. 难点

(1) 会依据项目特征描述确定陶瓷地砖踢脚线、木质踢脚线清单项目综合单价组价对应的定额子目。

(2) 按规范要求填写综合单价分析表，确定其综合单价及费用。

【知识资源】

2.7.1 踢脚线工程清单项目的工程内容分析

2.7.1.1 瓷砖踢脚线工程内容

瓷砖踢脚线的施工工艺：基层处理→抹找平层砂浆→刷结合层→排砖、分割弹线→选砖、浸砖→镶瓷砖踢脚线→勾缝→擦缝、清洁表面。

《计算规范》中表 L. 5 块料踢脚线工程清单项目编制中的工程内容包含了整个瓷砖踢脚线的施工工艺要点。

2.7.1.2 木质踢脚线工程内容

木质踢脚线的施工工艺：基层清理→测量需要的踢脚线长度→锯齿切割所需踢脚线的长度→钻孔→固定→边角处理。

《计算规范》中表 L. 5 木质踢脚线工程清单项目编制中的工程内容包含了整个木质踢脚线的施工工艺要点。

2.7.2 踢脚线工程清单项目的综合单价计算依据

本单元按照现行某省《预算定额》进行清单综合单价编制。该定额依据踢脚线施工工艺、材质等因素，分类分解为不同的定额子目，瓷砖踢脚线、木质踢脚线清单项目的综合单价根据具体的工作内容由一个或者几个定额子目组价形成。

【任务解析】

1. 瓷砖踢脚线清单项目综合单价编制

(1)根据任务2.6确定的“老人之家”项目踢脚线工程工程量清单(见表2-27),依据各分项工程的项目特征描述,对照某省《预算定额》,从中选择确定瓷砖踢脚线清单项目的综合单价计算所对应的定额子目,见表2-28。

表2-28 瓷砖踢脚线清单项目与定额子目对应关系

项目编码	项目名称	项目特征描述	定额名称	定额子目	定额工作内容
011105003001	陶瓷地砖踢脚线	1. 踢脚线高度:100高 2. 基层材料:1∶2水泥砂浆粘贴 3. 踢脚线粘贴材料:陶瓷地砖	陶瓷地砖踢脚线	11-59	1. 清理基层 2. 底层抹灰 3. 面层铺贴 4. 净面

(2)编制综合单价分析表,确定其综合单价,见表2-29。

表2-29 综合单价分析表

项目编码	011105003001	项目名称	陶瓷地砖踢脚线	计量单位	m^2	工程量	10.07

清单综合单价组成明细

定额编号	定额名称	定额单位	数量	单价				合价			
				人工费	材料费	机械费	管理费和利润	人工费	材料费	机械费	管理费和利润
11-59	陶瓷地砖踢脚线	100 m^2	0.01	6 399.57	1 991.27	78.96	1 412.25	64.00	19.91	0.79	14.12
人工单价		小计						64.00	19.91	0.79	14.12
元/工日		未计价材料费						0			
清单项目综合单价								98.82			

2. 木质踢脚线清单项目综合单价编制

(1)根据任务2.6确定的“老人之家”项目踢脚线工程工程量清单(见表2-27),依据各分项工程的项目特征描述,对照某省《预算定额》,从中选择确定木质踢脚线清单项目的综合单价计算所对应的定额子目,见表2-30。

表2-30 木质踢脚线清单项目与定额子目对应关系

项目编码	项目名称	项目特征描述	定额名称	定额子目	定额工作内容
011105005001	木质踢脚线	1. 踢脚线高度:100高 2. 踢脚线材质:成品实木踢脚线	成品木质踢脚线	11-64	1. 清理基层 2. 安装踢脚线

(2)编制综合单价分析表,确定其综合单价(见表2-31)。

表2-31　综合单价分析表

项目编码	011105005001		项目名称		木质踢脚线		计量单位		m²	工程量	12.89
清单综合单价组成明细											
定额编号	定额名称	定额单位	数量	单价				合价			
				人工费	材料费	机械费	管理费和利润	人工费	材料费	机械费	管理费和利润
11-64	木质踢脚线	100 m²	0.01	3 889.45	3 191.78	0	850.06	38.89	31.92	0	8.50
人工单价		小计						38.89	31.92	0	8.50
元/工日		未计价材料费						0			
清单项目综合单价								79.31			

3.踢脚线的分部分项工程和单价措施清单与计价表见表2-32。

表2-32　分部分项工程和单价措施清单与计价表

序号	项目编码	项目名称	项目特征描述	计量单位	工程量	金额/元		
						综合单价	合价	其中 暂估价
1	011105003001	陶瓷地砖踢脚线	1.踢脚线高度:100高 2.基层材料:1∶2水泥砂浆粘贴 3.踢脚线粘贴材料:陶瓷地砖	m²	10.07	98.82	995.12	
2	011105005001	木质踢脚线	1.踢脚线高度:100高 2.踢脚线材质:成品实木踢脚线	m²	12.89	79.31	1 022.31	

【拓展学习】

1.请结合专业知识,实践调研,查询不同时期陶瓷地砖、木质踢脚线价格信息,及时更新相应的综合单价。

2.结合专业造价软件,用软件查询市场价格,编制陶瓷地砖、木质踢脚线清单项目综合单价,提升职业技能水平。

【技能训练】

1. 编制图 2-2 某房屋水泥砂浆踢脚线的综合单价并完成报价。踢脚线做法如下：

(1)10 mm 1:2水泥砂浆踢脚线(150 mm 高,含柱、构筑物)。

(2)15 mm 1:3水泥砂浆打底。

2. 依据实际建筑装饰施工图纸编制相应的踢脚线工程清单项目的综合单价分析表,并完成报价。

【学后反思】

梳理本任务知识技能体系,构建知识图谱,参照附录 1 完成自我评价,并完成一份学后反思总结。

项目3　墙、柱面装饰工程

任务3.1　墙、柱面装饰类型

【任务描述】

依托"老人之家"项目，了解墙、柱面装饰工程的发展变革及类型，列出墙、柱面装饰类型清单的项目编码、项目名称、项目特征、计量单位。

【学习目标】

1. 培养用专业的眼光观察生活的能力。

2. 理解墙、柱面清单项目名称的具体含义，掌握墙、柱面的装饰清单项目划分，提高查阅规范的能力。

3. 提高使用规范解决实际问题的能力。

4. 了解新型墙面装饰材料，增强对新材料、新技术、新工艺的认知。

【思政要点】

1. 通过实践调研墙、柱面装饰的发展和变革，提高职业荣誉感。

2. 分析生活中常见的墙、柱面装修做法，理解清单项目划分的原理，提高职业素养。

【任务分析】

1. 墙、柱面装饰工程的发展变革及类型

(1) 用专业的眼光观察生活，通过实践调研，收集墙、柱面装饰信息，探究常见的墙、柱面装饰类型，完成表3-1。

表3-1　房间(部位)墙面装饰表

编号	房间(部位)	墙面装饰类型	墙面装饰构造做法
1			
⋮			

(2) 写一篇300字的综述。

2. 依据"老人之家"项目图纸信息，列出墙、柱面装饰类型清单的项目编码、项目名称、项目特征、计量单位。

(1)识读图纸,列出各墙、柱面的具体做法。

(2)查阅《计算规范》M1~M10中各分项工程的清单项目名称和工作内容。

(3)将图纸中墙、柱面装饰做法与《计算规范》中清单项目对应。

3. 难点

提取图纸中墙、柱面装饰的关键做法信息,与清单规范中的墙、柱面清单项目对应。

【知识资源】

3.1.1 墙、柱面装饰工程的发展变革

"八月秋高风怒号,卷我屋上三重茅",这种房子主要是利用泥土与茅草夯实建造,也有同期利用山体特点开挖建造的窑洞。这种泥土墙走过了几千年的历史,承载着华夏古老的历史文明。随着水泥烧制技术的出现,水泥墙成为墙面的主流,墙体的结构安全性提高。青砖碧瓦白灰墙,古香古色的徽派典雅建筑称得上是白灰墙时代的代表性建筑。白灰墙易掉粉,会影响人的呼吸道健康,不太适合长期居住。乳胶漆工艺流程简单方便,抗污,耐水,色彩丰富,是人们探索墙面装饰材料的又一次成功突破。"绿色"墙时代下,面向自然、环保、健康方向前行,硅藻泥、负氧离子涂料、液体壁纸、无水性粉刷石膏等新型材料不断迭代,促进了装修环保化、室内环境自然化。

3.1.2 墙、柱面抹灰清单项目划分

墙、柱面抹灰工程清单项目应按《计算规范》表M.1、表M.2、表M.3的规定执行。

注意事项:

(1)抹石灰砂浆、水泥砂浆、混合砂浆、聚合物水泥砂浆、麻刀石灰浆、石膏灰浆等按一般抹灰列项;水刷石、斩假石、干粘石、假面砖等按装饰抹灰列项。

(2)墙、柱面及零星项目砂浆找平项目只适用于仅做找平层的抹灰。

(3)零星项目抹灰适用于0.5 m^2以内少量分散的抹灰。如池槽、挑檐、天沟、腰线、窗台线、门窗套、压顶、栏板、扶手、遮阳板、雨篷周边等。

(4)墙、柱面防水(防潮)另按《计算规范》附录J.3(010903)项目编码列项。

(5)墙、柱面保温隔热另按《计算规范》附录K.1(011001003、011001004)项目编码列项。

(6)墙、柱面油漆、涂料另按《计算规范》附录P"油漆、涂料、裱糊工程"项目编码列项。

3.1.3 墙、柱面块料面层清单项目划分

墙、柱面块料面层清单项目应按《计算规范》中表M.4、表M.5、表M.6的规定执行。

注意事项:

(1)石材块料安装方式可描述为砂浆或黏结剂粘贴、挂贴、干挂等。

(2)采用干挂施工安装工艺时,干挂石材钢骨架应单独列项计算。

(3)零星项目块料镶贴适用于 0.5 m^2 以内少量分散的镶贴块料面层。

3.1.4 墙、柱面其他装饰清单项目划分

墙饰面、柱(梁)饰面,幕墙工程、隔断清单项目,应按《计算规范》中表 M.7、表 M.8、表 M.9、表 M.10 的规定执行。

3.1.5 墙面防水防潮清单项目划分

墙面防水防潮清单项目应按《计算规范》中表 J.3 的规定执行。

注意事项:

(1)墙面防水的找平层按《计算规范》中"立面砂浆找平层(011201004)"列项。

(2)楼地面防水与墙面连接时,反边高度>300 mm 的防水层面积应按墙面防水列项。

3.1.6 墙面保温、隔热清单项目划分

墙、柱面保温、隔热工程量清单项目,应按《计算规范》中表 K.1 的规定执行。

注意事项:

(1)保温隔热方式:指内保温、外保温、夹心保温。

(2)保温柱、梁适用于不与墙、天棚相连的独立柱、梁。

(3)柱帽保温隔热应并入天棚保温隔热工程量内。

【任务解析】

1. 识读"老人之家"立面索引图、各房间立面图及构造做法表,按房间部位列出墙体和独立柱的装饰类型,见表 3-2 房间部位墙、柱面装饰工程项目表。

表 3-2 房间部位墙、柱面装饰工程项目表

编号	房间	部位	墙体装饰做法
1	阅读书画室	A 面、B 面	轻钢龙骨内置隔音棉石膏板墙刷乳胶漆
2		弧面	轻钢龙骨水泥板满刮腻子刷乳胶漆
3		C 面、D 面	砌体墙满刮腻子三遍刷乳胶漆二遍
4		A 面	玻璃隔断
5	娱乐室	C 面	砌体墙满刮腻子三遍刷乳胶漆二遍
6		A 面、B 面、D 面	轻钢龙骨内置隔音棉石膏板墙刷乳胶漆
7		A 面	玻璃隔断
8	培训室	C 面	砌体墙满刮腻子三遍刷乳胶漆二遍
9		A 面、B 面	轻钢龙骨内置隔音棉石膏板墙刷乳胶漆
10		A 面	玻璃隔断
11		D 面	轻钢龙骨内置隔音棉石膏板墙贴壁布

续表 3-2

编号	房间	部位	墙体装饰做法
12	活动室	B 面、C 面	砌体墙满刮腻子三遍刷乳胶漆二遍
13		A 面、B 面、D 面	轻钢龙骨内置隔音棉石膏板墙刷乳胶漆
14	棋牌室	B 面	砌体墙满刮腻子三遍刷乳胶漆二遍
15		A 面、C 面、D 面	轻钢龙骨内置隔音棉石膏板墙刷乳胶漆
16		A 面	玻璃隔断
17	卫生间	A 面、B 面、C 面、D 面	砌体墙贴釉面砖
18		内部隔断	成品厕位隔断
19	洗手区	A 面	轻钢龙骨水泥板挂丝网外贴釉面砖
20		B 面、C 面、D 面	砌体墙贴釉面砖
21	走廊	A 面、B 面、D 面	砌体墙满刮腻子三遍刷乳胶漆二遍
22		C 面	轻钢龙骨内置隔音棉石膏板墙刷乳胶漆
23		C 面	玻璃隔断
24	前厅	B 面、C 面	轻钢龙骨水泥板满刮腻子刷乳胶漆
25		D 面	砌体墙满刮腻子三遍刷乳胶漆二遍
26	门厅独立柱		轻钢龙骨包独立柱刷乳胶漆
27	独立柱	各房间	满刮腻子三遍刷乳胶漆二遍
28	假梁	各房间	纸面石膏板批腻子二遍刷乳胶漆二遍

2. 将图纸中墙、柱、隔断的装饰内容按清单规范要求分类汇总，确定项目名称、项目编码、计量单位，描述项目特征，见表 3-3。

表 3-3　墙、柱面装饰工程清单项目表

序号	项目编码	项目名称	项目特征	计量单位
1	011201001001	墙面一般抹灰	1. 墙体类型：砌体墙 2. 刷素水泥浆基层处理 3. 干混抹灰水泥砂浆 DP M10（14+6）mm 找平	m^2
2	011202001001	柱面一般抹灰	1. 刷素水泥浆基层处理 2. 干混抹灰砂浆 DP M10（14+6）mm 找平	m^2
3	011201004001	立面砂浆找平层	1. 基层类型：砌体墙 2. 15 厚干混抹灰砂浆 DP M10 找平	m^2

续表 3-3

序号	项目编码	项目名称	项目特征	计量单位
4	010903002001	墙面涂膜防水	1. 防水膜品种:聚氨酯防水涂料 2. 涂膜厚度:1.5 厚 3. 涂膜高度:1.5 m 高	m^2
5	011204003001	块料墙面	1. 刷素水泥浆基层处理 2. 6 厚水泥砂浆保护层 3. 粉状型建筑胶黏剂粘贴层 4. 10 厚 450×600 的白色釉面砖	m^2
6	011204003002	块料墙面	1. 75×40 轻钢龙骨,中距 300 mm 2. 螺固水泥板 3. 挂钢丝网,粉刷找平 4. 粉状型建筑胶黏剂粘贴层 5. 10 厚 450×600 的白色釉面砖	m^2
7	011207001001	墙面装饰板	1. 75×40 轻钢龙骨,中距 300 mm 2. 内部密实填充隔音岩棉 3. 双侧单层铺钉 9.5 厚石膏板	m^2
8	011207001002	墙面装饰板	1. 75×40 轻钢龙骨,中距 300 mm 2. 螺固水泥板	m^2
9	011208001001	柱面装饰	1. 75×40 轻钢龙骨,中距 300 mm 2. 内部密实填充隔音岩棉 3. 单侧单层铺钉 9.5 厚石膏板	m^2
10	011208001002	假梁面装饰	1. 方木单层楞龙骨 2. 直径 8 mm 吊筋 3. 18 厚细木工板 4. 10 厚纸面石膏板	m^2
11	011210003001	玻璃隔断	1. 100×80 不锈钢框 2. 12 厚钢化玻璃隔断	m^2
12	011210005001	成品隔断	1.8 m 高抗倍特板成品厕位隔断	m^2

具体分析如下：

(1)砌体墙满刮腻子三遍刷乳胶漆二遍，基层属于墙面一般抹灰，面层乳胶漆属于“附录P 油漆、涂料、裱糊工程”。

(2)轻钢龙骨内置隔音棉石膏板墙刷乳胶漆，面层乳胶漆属于“附录P 油漆、涂料、裱糊工程”，轻钢龙骨内置隔音棉石膏板墙属于M.7墙饰面中的“墙面装饰板”。

(3)磨砂玻璃隔墙，按固定窗或者隔断列项，本工程按隔断，与M.10隔断“玻璃隔断”对应。

(4)轻钢龙骨内置隔音棉石膏板墙贴壁布，轻钢龙骨内置隔音棉石膏板墙属于墙面装饰板，壁布属于“附录P油漆、涂料、裱糊工程”。

(5)砌体墙贴釉面砖，是卫生间的做法，防水层属于J.3墙面防水、防潮，单独列出。墙面防水的找平层属于M.1“立面砂浆找平层”。面层釉面砖属于M.4“块料墙面”。

(6)轻钢龙骨水泥板挂丝网外贴釉面砖，列“墙面装饰板”和“块料墙面”两个清单。本工程案例按合并一个清单列项，在项目特征中描述全部做法。项目编码中的项目名称顺序码为002。

(7)成品厕位隔断，属于M.10隔断中的“成品隔断”。

(8)轻钢龙骨水泥板挂丝网刷乳胶漆，基层墙体属于M.7“墙面装饰板”，项目名称顺序码为002。面层乳胶漆属于“附录P 油漆、涂料、裱糊工程”。

(9)门厅独立柱的轻钢龙骨包独立柱刷乳胶漆，属于M.8“柱面装饰”，面层乳胶漆属于“附录P 油漆、涂料、裱糊工程”。

(10)各房间的独立柱装饰，基层抹灰属于M.2“柱面一般抹灰”，面层乳胶漆属于“附录P 油漆、涂料、裱糊工程”。

【拓展学习】

1. 建设社会主义新农村是党的重大历史任务，请结合所学专业，谈谈美丽乡村行动。
2. 了解新型墙面装饰材料，思考如何编制其清单项目。

【技能训练】

一、基础技能

1.【单选题】 阳台、楼梯等侧面装饰抹灰，按相应的(　　)清单项目列项计算。

A. 腰线项目　　B. 抹灰项目　　C. 零星项目　　D. 装饰抹灰

2.【填空题】 零星项目抹灰适用于________以内少量分散的抹灰。

3.【多选题】 下列墙面抹灰需要按墙面装饰抹灰列项的有(　　)。

A. 聚合物水泥砂浆　　B. 麻刀石灰浆　　C. 水刷石

D. 斩假石　　E. 假面砖

二、提高技能

依据实际建筑装饰施工图纸,列出墙、柱面装饰的清单项目。

【学后反思】

梳理本任务知识技能体系,构建知识图谱,参照附录1综合评价表完成自我评价,并完成一份学后反思总结。

任务3.2 墙、柱面抹灰工程清单项目编制

【任务描述】

依据“老人之家”项目图纸,编制墙面抹灰工程和柱面抹灰工程清单项目。

【学习目标】

1. 理解墙面抹灰、柱(梁)面抹灰、零星抹灰的工程量计算规则。
2. 会计算墙面抹灰、柱(梁)面抹灰、零星抹灰工程的清单工程量,能编制清单项目。
3. 培养严谨细致的工作态度及规范意识。

【思政要点】

1. 采用思维导图梳理工程量计算规则,用图解数学思维解析规则重点、难点,培养学生用新方法学习新知识、新技能的兴趣和习惯。

2. 培养学生的规范意识,做遵守法律法规、遵守职业道德、遵守校规校纪、遵守社会公德的好公民。

【任务分析】

1. 墙面抹灰工程清单项目编制

(1)依据《计算规范》附录M.1,梳理墙面抹灰工程量计算规则。

(2)结合任务3.1墙面一般抹灰清单项目,根据“老人之家”功能分割尺寸图和房间立面图,确定抹灰长度、抹灰高度和扣除增加部位的尺寸。

(3)计算“老人之家”工程的墙面一般抹灰清单工程量,完成清单项目的编制。

2. 柱面抹灰工程清单项目编制

(1)依据《计算规范》附录M.2,梳理柱面抹灰工程量计算规则。

(2)结合任务3.1柱面一般抹灰清单项目,根据“老人之家”功能分割尺寸图和房间的立面图,确定相应的抹灰长度、抹灰高度。

(3)计算“老人之家”工程的柱面一般抹灰清单工程量,完成清单项目的编制。

3. 难点

(1)房间吊顶高度不同,影响墙面抹灰高度。

(2)附墙柱抹灰工程量合并到墙面抹灰清单项目,独立柱按柱面抹灰清单项目计算。

【资源与建议】

3.2.1　墙面抹灰清单项目

参照《计算规范》中表 M.1,解析墙面抹灰工程清单工程量计算规则。

3.2.1.1　术语

墙裙:又名台度、护壁,指位于室内墙面或柱面的下部、借以保护墙面、柱面免受污损,并起装饰作用的装修部分,一般高度为 1.0~1.8 m。墙裙有内外之别,在室外的叫作外墙裙,在室内的称为内墙裙。

挂镜线:又称"画镜线"、挂画器,全名为千缘悬挂系统,是沿着四壁距天花板 20~30 cm 的墙面上的一道木质线或不锈钢轨道,其主要用途是挂各种装饰物。

3.2.1.2　墙面抹灰清单工程量计算思维导图

墙面抹灰清单工程量计算思维导图如图 3-1 所示。

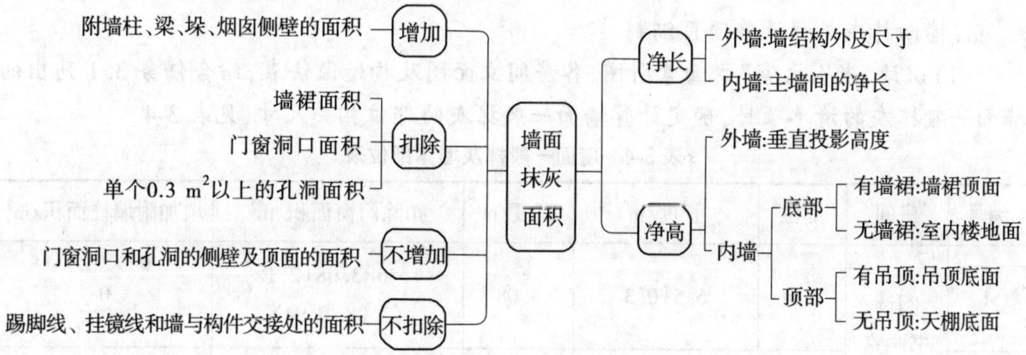

图 3-1　墙面抹灰清单工程量计算思维导图

3.2.1.3　墙面抹灰工程清单工程量计算公式

$$S = \text{设计图示尺寸面积} \tag{3-1}$$

$$S_{\text{外墙}} = \text{外墙垂直投影面积} = \text{外墙外边线长度} \times \text{抹灰高度} \tag{3-2}$$

$$S_{\text{内墙}} = \text{内墙净长} \times \text{墙高} \tag{3-3}$$

$$S_{\text{墙裙}} = \text{墙裙长} \times \text{墙裙高} \tag{3-4}$$

注:

扣除:墙裙、门窗洞口及单个 0.3 m^2 以上的孔洞面积。

不扣除:踢脚线、挂镜线和墙与构件交接处的面积。

不增加面积:门窗洞口和孔洞的侧壁及顶面面积。

增加面积:附墙柱、梁、垛、烟囱侧壁并入相应的墙面面积内。

3.2.2 柱(梁)面抹灰清单项目

参照《计算规范》中表 M.2,解析柱(梁)面抹灰工程清单工程量计算规则。

柱面抹灰清单项目适用于单独独立柱的抹灰工程。

$$S_{柱} = 设计柱断面周长 \times 柱高(抹灰高度) \tag{3-5}$$

梁的抹灰有以下情况:板底梁下抹灰并入天棚抹灰,梁下有抹灰墙面的抹灰并入墙面抹灰,梁下有非抹灰墙面的抹灰按单独梁面抹灰计算。

$$S_{梁} = 设计梁断面周长 \times 梁长(抹灰长度) \tag{3-6}$$

3.2.3 零星抹灰清单项目

参照《计算规范》中表 M.3 的内容,解析零星抹灰工程清单工程量计算规则。

零星项目抹灰适用于0.5 m^2 以内少量分散的抹灰。如池槽、挑檐、天沟、腰线、窗台线、门窗套、压顶、栏板、扶手、遮阳板、雨篷周边等。

$$S_{零星抹灰} = 设计图示尺寸面积 \tag{3-7}$$

【任务解析】

1. 墙面抹灰工程清单项目编制

(1)识读"老人之家"立面索引图、各房间立面图及构造做法表,结合任务 3.1 列出的墙面一般抹灰的清单项目,确定计算墙面一般抹灰的部位相关尺寸,见表 3-4。

表 3-4 墙面一般抹灰墙体部位表

编号	房间	部位	长度/m	高度/m	扣除门窗面积/m^2	增加附墙柱面积/m^2
1	阅读书画室	C 面	6.5+0.3	3.08	1.46×3.08+2.1×(3.08-0.94)	0
2		D 面	3.279+0.5+0.8	3.08	0	0.15×2×3.08
3	娱乐室	C 面	7.36	3.08	7.36×(3.08-0.94)	0
4	培训室	C 面	14.73	3.08	14.73×(3.08-0.94)	0
5	活动室	B 面	2.88	3.1	0	0.16×2×3.1
6		C 面	7.89+0.3	3.1	1.46×3.1+1.55×2.16	0
7	棋牌室	B 面	3.99	3.0	0	0.16×3.0
8	走廊	A 面	42.04	2.8	37.17×(2.8-0.94)	0
9		B 面	1.25+0.12+0.16	2.8	1×2.15	0
10	前厅	D 面	3.63	2.8	1×2.15	0.19×2×2.8

(2)根据墙面抹灰工程计算规则,计算相应部位的抹灰清单工程量。

$S_{阅读书画室}=(6.5+0.3)\times3.08-[1.46\times3.08+2.1\times(3.08-0.94)]+(3.279+0.5+0.8)\times3.08+0.15\times2\times3.08=26.981(m^2)$

$S_{娱乐室}=7.36\times3.08-7.36\times(3.08-0.94)=6.918(m^2)$

$S_{培训室}=14.73\times3.08-14.73\times(3.08-0.94)=13.846(m^2)$

$S_{活动室}=2.88\times3.1+0.16\times2\times3.1+(7.89+0.3)\times3.1-1.46\times3.1+1.55\times(3.1-0.94)=34.131(m^2)$

$S_{棋牌室}=3.99\times3.0+0.16\times3.0=12.45(m^2)$

$S_{走廊}=42.04\times2.8-37.17\times(2.8-0.94)+(1.25+0.12+0.16)\times2.8-1\times2.15=50.71(m^2)$

$S_{前厅}=3.63\times2.8-1\times2.15+0.19\times2\times2.8=9.078(m^2)$

$S_{总抹灰}=S_{阅读书画室}+S_{娱乐室}+S_{培训室}+S_{活动室}+S_{棋牌室}+S_{走廊}+S_{前厅}$
$=26.981+6.918+13.846+34.131+12.45+50.71+9.078$
$=154.11(m^2)$

(3)根据《计算规范》,编制墙面抹灰工程清单分项工程,见表3-5。

表3-5 分部分项工程和单价措施清单与计价表

序号	项目编码	项目名称	项目特征描述	计量单位	工程量	金额/元		
						综合单价	合价	其中 暂估价
1	011201001001	墙面一般抹灰	1. 墙体类型:砌体墙 2. 刷素水泥浆基层处理 3. 干混抹灰水泥砂浆 DP M10 (14+6)mm 找平	m^2	154.11			

2. 柱面抹灰工程清单项目编制

(1)识读“老人之家”功能分割尺寸图、各房间立面图及构造做法表,结合任务3.1列出的柱面一般抹灰的清单项目。依附于轻质隔墙和玻璃隔断的结构柱抹灰按独立柱抹灰考虑。确定柱面一般抹灰的抹灰长度、抹灰高度,见表3-6。

表3-6 柱面一般抹灰尺寸表

编号	名称	长度/m	宽度/m	高度/m
1	活动室(1个)	0.55	0.5	3.1
2	培训室(3个)	0.55	0.5	3.08
3	培训室(1个)	0.55	0.5	3.18

续表 3-6

编号	名称	长度/m	宽度/m	高度/m
4	娱乐室(4个)	0.55	0.5	3.08
5	棋牌室(1个)	0.55	0.5	3.0
6	前厅(1个)	0.54+0.29	0.28+0.28	2.8

(2)根据柱面抹灰工程计算规则,计算相应抹灰清单工程量。

$$S_{柱面抹灰}=(0.55+0.5)\times2\times3.1+(0.55+0.5)\times2\times3.08\times7+(0.55+0.5)\times2\times3.18+(0.55+0.5)\times2\times3.0+[(0.54+0.29)\times0.28+0.54\times0.28]\times2.8$$

$$=65.838(m^2)\approx65.84\ m^2$$

(3)根据《计算规范》,编制柱面抹灰工程清单分项工程,见表 3-7。

表 3-7　分部分项工程和单价措施清单与计价表

序号	项目编码	项目名称	项目特征描述	计量单位	工程量	金额/元		
						综合单价	合价	其中 暂估价
1	011202001001	柱面一般抹灰	1. 刷素水泥浆基层处理 2. 干混抹灰砂浆 DP M10 (14+6)mm 找平	m^2	65.84			

【拓展学习】

1. 请结合专业知识,谈谈传统建造方式下和装配式建造方式下的抹灰施工工艺。

2. 请了解常见抹灰工程所用的材料以及相应的价格。

【技能训练】

一、基础技能

1.【单选题】 外墙抹灰按外墙的垂直投影面积以平方米计算,应扣除门窗洞口、外墙裙和大于 0.3 m^2 的孔洞所含面积,但不增加(　　)的面积。

A. 附墙垛侧面　B. 洞口侧壁　C. 附墙梁的侧面　D. 附墙柱侧面

2.【单选题】 阳台、楼梯等侧面装饰抹灰,按相应的(　　)清单项目列项计算。

A. 腰线项目　B. 抹灰项目　C. 零星项目　D. 装饰抹灰

3.【多选题】 墙面一般抹灰按设计图示尺寸以面积计算。不扣除(　　)的面积。

A. 门洞口　B. 墙裙　C. 踢脚线

D. 窗洞口　　　　　　E. 墙与构件交接处

4.【多选题】 墙面装饰抹灰工程量按设计图示尺寸以面积计算,(　　)。

A. 扣除墙裙和门窗洞口的面积

B. 不增加门窗洞口和孔洞侧壁及顶面的面积

C. 扣除踢脚线、挂镜线、墙与构件交接处的面积

D. 扣除单个 0.3 m^2 以内孔洞面积

E. 附墙柱、梁、垛的侧壁并入相应的墙面面积内

5.【多选题】 下列(　　)的抹灰面积应并入墙面抹灰项目清单工程量。

A. 附墙垛　　　　B. 洞口侧壁　　　　C. 屋面梁侧面

D. 附墙柱侧面　　　　　　　　　　E. 压顶

二、能力训练

编制图 3-2 墙面抹灰工程的清单项目。已知门洞口尺寸 1 200×2 400,窗洞口尺寸 1 500×1 800。内墙净高 3.2 m,采用 14 mm 厚 1:1:6混合砂浆打底、6 mm 厚 1:0.5:3混合砂浆抹光,满刮腻子刷乳胶漆二遍。

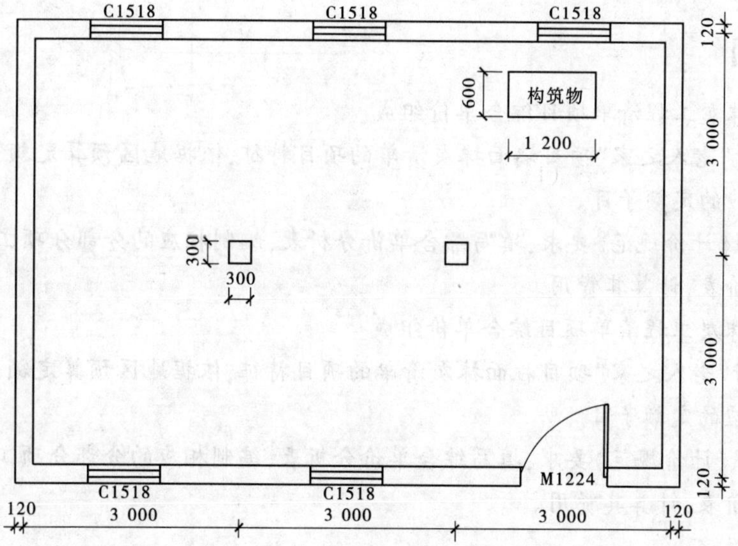

图 3-2　某房屋平面示意图

【学后反思】

梳理本任务知识技能体系,构建知识图谱,参照附录 1 综合评价表完成自我评价,并完成一份学后反思总结。

任务 3.3　墙、柱面抹灰工程清单项目综合单价的确定

【任务描述】

依据“老人之家”项目图纸，确定墙面抹灰工程和柱面抹灰工程清单项目的综合单价并计算相应的费用。

【学习目标】

1. 了解影响墙、柱面抹灰工程综合单价的因素。
2. 会计算墙、柱面抹灰工程清单项目的综合单价，填写综合单价分析表。
3. 确定“老人之家”项目中墙、柱面抹灰工程的综合单价和清单项目的费用。

【思政要点】

1. 在已有知识体系上建构新知识，引导学生掌握科学的学习方法和途径。
2. 培养学生的实践调查能力、精益求精的职业能力。

【任务分析】

1. 墙面抹灰工程清单项目综合单价组成

(1) 分析“老人之家”项目墙面抹灰清单的项目特征，依据地区预算定额，确定其综合单价组价对应的定额子目。

(2) 按照《计价规范》要求，填写综合单价分析表，编制相应的分部分项工程和单价措施清单与计价表，计算其费用。

2. 柱面抹灰工程清单项目综合单价组成

(1) 分析“老人之家”项目柱面抹灰清单的项目特征，依据地区预算定额，确定其综合单价组价对应的定额子目。

(2) 按照《计价规范》要求，填写综合单价分析表，编制相应的分部分项工程和单价措施清单与计价表，计算其费用。

3. 难点

(1) 会依据项目特征描述确定抹灰工程清单项目综合单价组价对应的定额子目。

(2) 按规范要求填写综合单价分析表，确定其综合单价及费用。

【知识资源】

3.3.1　墙面抹灰清单项目的工程内容分析

墙面抹灰工程的施工工艺：基层处理→浇水处理→抹灰饼→墙面充筋→分层抹灰→设置分格缝→保护成品，抹灰层一般由底层灰、中层灰和面层灰三个构造层次组成或者由

底层、面层、压光层组成。

《计算规范》中表M.1墙面抹灰工程清单项目编制中的工程内容包含了整个墙面抹灰施工工艺要点内容。

3.3.2　墙面、柱面、零星抹灰清单项目的综合单价计算依据

本单元按照现行某省《预算定额》进行清单综合单价编制。该定额依据抹灰工程的施工工艺、不同的抹灰厚度、抹灰基层、装饰抹灰面层，分解为不同的定额子目，墙面、柱面、零星抹灰清单项目的综合单价根据具体的工作内容由一个或者几个定额子目组价形成。

【任务解析】

1. 墙面抹灰工程清单项目综合单价编制

(1)根据任务3.2.1中确定的“老人之家”墙面抹灰工程量清单(见表3-8)，依据各分项工程的项目特征描述，对照某省《预算定额》，从中选择确定完成墙面抹灰工程清单项目的综合单价计算所对应的定额子目。

表3-8　墙面抹灰工程清单项目与定额子目对应关系

项目编码	项目名称	项目特征描述	定额名称	定额子目	工作内容
011201001001	墙面一般抹灰	1. 墙体类型：砌体墙 2. 刷素水泥浆基层处理 3. 干混抹灰水泥砂浆DP M10 (14+6) mm找平	内墙(14+6) mm	12-1	1. 清理基层、修补堵眼、湿润基层、运输、清扫落地灰 2. 分层抹灰找平、面层压光(包括门窗洞口侧壁抹灰)

(2)各房间的内墙面抹灰实际高度，一般需抹至天棚板底，参考任务3.2抹灰工程量的计算方法，具体计算如下：

$$S_{实阅读书画室}=(6.5+0.3)\times3.8-(1.46\times3.1+2.1\times2.16)+(3.279+0.5+0.8)\times3.8+0.15\times2\times3.8=35.318(m^2)$$

$$S_{实娱乐室}=7.36\times3.8-7.36\times2.16=12.07(m^2)$$

$$S_{实培训室}=14.73\times3.8-14.73\times2.16=24.157(m^2)$$

$$S_{实活动室}=2.88\times3.8+0.16\times2\times3.8+(7.89+0.3)\times3.8-(1.46\times3.1+1.55\times2.16)=35.408(m^2)$$

$$S_{实棋牌室}=3.99\times3.8+0.16\times3.8=15.77(m^2)$$

$$S_{实走廊}=42.04\times3.8-37.17\times2.16+(1.25+0.12+0.16)\times3.8-1\times2.15=83.124(m^2)$$

$$S_{实前厅}=3.63\times3.8-1\times2.16+0.19\times2\times3.8=13.078(m^2)$$

$S_{实总抹灰}=S_{实阅读书画室}+S_{实娱乐室}+S_{实培训室}+S_{实活动室}+S_{实棋牌室}+S_{实走廊}+S_{实前厅}$

$=35.318+12.07+24.157+35.408+15.77+83.124+13.078$

$=218.925(m^2)\approx 218.93\ m^2$

规范中注释了有吊顶天棚的内墙面抹灰,抹至吊顶以上部分在综合单价中考虑。具体体现在综合单价分析表中的"数量"上。

数量$=S_{实总抹灰}/(S_{总抹灰}\times 100)=218.93/(154.11\times 100)=0.014$

综合单价分析见表 3-9,分部分项工程和单价措施清单与计价见表 3-10。

表 3-9　综合单价分析表

项目编码	011201001001		项目名称		墙面一般抹灰		计量单位		m²		工程量	154.11
清单综合单价组成明细												
定额编号	定额名称	定额单位	数量	单价				合价				
				人工费	材料费	机械费	管理费和利润	人工费	材料费	机械费	管理费和利润	
12-1	一般抹灰内墙	100 m²	0.014	1 759.99	423.02	76.20	506.33	24.64	5.92	1.07	7.09	
人工单价		小计						24.64	5.92	1.07	7.09	
元/工日		未计价材料费						0				
清单项目综合单价								38.72				

表 3-10　分部分项工程和单价措施清单与计价表

序号	项目编码	项目名称	项目特征描述	计量单位	工程量	金额/元		
						综合单价	合价	其中
								暂估价
1	011201001001	墙面一般抹灰	1. 墙体类型:砌体墙 2. 刷素水泥浆基层处理 3. 干混抹灰水泥砂浆 DP M10 (14+6)mm 找平	m²	154.11	38.72	5 967.14	

2. 柱面抹灰工程清单项目综合单价编制

(1)根据任务 3.2.2 中确定的"老人之家"柱面抹灰工程量清单(见表 3-7),依据各分项工程的项目特征描述,对照某省《预算定额》,从中选择确定完成柱面抹灰工程清单项目的综合单价计算所对应的定额子目(见表 3-11)。

表 3-11　柱面抹灰工程清单项目与定额子目对应关系

项目编码	项目名称	项目特征描述	定额名称	定额子目	工作内容
011202001001	柱面一般抹灰	1. 刷素水泥浆基层处理 2. 干混抹灰砂浆 DP M10 (14+6)mm 找平	矩形柱(梁)面	12-25	1. 清理基层、修补堵眼、湿润基层、运输、清扫落地灰 2. 分层抹灰找平、面层压光

(2)独立柱抹灰实际高度,一般需抹至天棚板底,参考任务 3.2 抹灰工程量的计算方法,具体计算如下:

$$S_{实柱面抹灰}=(0.55+0.5)\times2\times3.8\times10+[(0.54+0.29)\times0.28+0.54\times0.28]\times3.8$$
$$=81.258(m^2)\approx81.26\ m^2$$

独立柱面抹灰抹至吊顶以上部分在综合单价中考虑,具体体现在综合单价分析表中的“数量”上。

数量$=S_{实柱面抹灰}/(S_{柱面抹灰}\times100)=81.26/(65.84\times100)=0.012$

综合单价分析见表 3-12,分部分项工程和单价措施清单与计价见表 3-13。

表 3-12　综合单价分析表

项目编码	011202001001	项目名称	柱面一般抹灰	计量单位	m^2	工程量	65.84

清单综合单价组成明细

定额编号	定额名称	定额单位	数量	单价				合价			
				人工费	材料费	机械费	管理费和利润	人工费	材料费	机械费	管理费和利润
12-25	柱面一般抹灰	100 m^2	0.012	3 166.59	411.95	68.5	895.99	38.00	4.94	0.82	10.75
人工单价		小计						38.00	4.94	0.82	10.75
元/工日		未计价材料费						0			
清单项目综合单价								54.51			

表 3-13　分部分项工程和单价措施清单与计价表

序号	项目编码	项目名称	项目特征描述	计量单位	工程量	金额/元		
						综合单价	合价	其中暂估价
1	011202001001	柱面一般抹灰	1. 刷素水泥浆基层处理 2. 干混抹灰砂浆 DP M10 (14+6)mm 找平	m^2	65.84	54.51	3 588.94	

【拓展学习】

1. 请结合专业知识,调查不同基层墙面的抹灰工艺价格,以及智能机械抹灰的市场价格。

2. 随着智能建造、装配式建筑新技术的兴起,调查哪些墙面装饰还需要抹灰,哪些墙面装饰不需要抹灰,新的工艺有哪些。

3. 结合专业造价软件,编制墙、柱面的抹灰清单项目综合单价。

【技能训练】

1. 编制图 3-2 墙面抹灰工程的清单项目综合单价分析表,并完成报价。已知门洞口 1 200×2 400,窗洞口 1 500×1 800。内墙净高 3. 2 m,采用 14 mm 厚 1∶1∶6混合砂浆打底,6 mm 厚 1∶0. 5∶3混合砂浆抹光、满刮腻子刷乳胶漆二遍。

2. 依据实际建筑装饰施工图纸编制墙、柱面抹灰工程清单项目的综合单价。

【学后反思】

梳理本任务知识技能体系,构建知识图谱,参照附录 1 综合评价表完成自我评价,并完成一份学后反思总结。

任务 3.4　墙、柱面块料面层清单项目编制

【任务描述】

依据“老人之家”项目图纸信息,编制墙、柱面块料面层的清单项目。

【学习目标】

1. 理解墙面块料面层、柱(梁)面镶贴块料、镶贴零星块料、墙面防水(防潮)的工程量计算规则内涵,明晰块料面层及防水工程的常规工作内容。

2. 会计算墙面块料面层、柱(梁)面镶贴块料、镶贴零星块料、墙面防水(防潮)的清单工程量,编制相应的清单项目。

3. 崇尚严谨细致的工作态度、遵纪守规的职业道德,增强爱岗敬业的劳动态度。

【思政要点】

1. 采用思维导图梳理墙、柱(梁)面镶贴块料面层及墙面防水(防潮)工程的工程量计算规则,用图解数学思维解析规则重难点,培养学生用新方法学习新知识、新技能的兴趣和习惯。

2. 培养学生的规范意识,做遵守法律法规、遵守职业道德、遵守校规校纪、遵守社会公德的好公民。

【任务分析】

1. 墙面块料面层清单项目编制

(1)依据《计算规范》附录M.3,梳理墙面块料面层工程量计算规则。

(2)结合任务3.1墙面块料面层清单项目,确定墙面镶贴块料的长度、高度和扣除增加部位的尺寸。

(3)计算“老人之家”工程的墙面块料面层清单工程量,并编制相应的清单项目。

2. 墙面防水(防潮)工程清单项目编制

(1)依据《计算规范》附录J.3,梳理墙面防水工程工程量计算规则。

(2)结合任务3.1墙面防水工程清单项目,确定墙面防水部位的长度、高度。

(3)计算“老人之家”项目的墙面防水工程清单工程量,并编制相应的清单项目。

3. 墙面立面砂浆找平层清单项目编制

(1)因墙面防水做法下的找平层需要单独按墙面立面砂浆找平层列清单,依据《计算规范》附录M.1,梳理墙面立面砂浆找平层工程量计算规则要点。

(2)结合任务3.1墙面立面砂浆找平层清单项目,确定相应的长度、高度。

(3)计算“老人之家”项目墙面立面砂浆找平层清单工程量,并编制相应的清单项目。

4. 难点

(1)识读图纸各房间立面图,因各房间吊顶高度不同,墙面块料镶贴高度一般高出吊顶100 mm。

(2)墙面块料镶贴表面积计算。

(3)卫生间墙面防水和立面砂浆找平层清单项目的清单工程量计算。

【知识资源】

3.4.1　墙面块料面层清单项目

参照《计算规范》中表M.4的内容,解析墙面块料面层清单工程量计算规则。

(1)墙面块料面层清单工程量按镶贴表面积计算,即饰面外围尺寸;扣除门窗洞口、孔洞面积,增加门窗洞口、孔洞的侧壁及底面、顶面的面积。

(2)块料面层在阳角处按对接角考虑工程量,在阴角处采用直接角考虑工程量。

(3)墙面块料面层清单工程量计算思维导图。

墙面块料面层清单工程量计算思维导图如图3-3所示。

(4)墙面块料面层清单工程量计算公式

$$S_{墙} = 镶贴表面积 \tag{3-8}$$

3.4.2　柱(梁)面镶贴块料清单项目

参照《计算规范》中表M.5的内容,解析柱(梁)面镶贴块料清单工程量计算规则。

$$S_{柱} = 镶贴表面积 \tag{3-9}$$

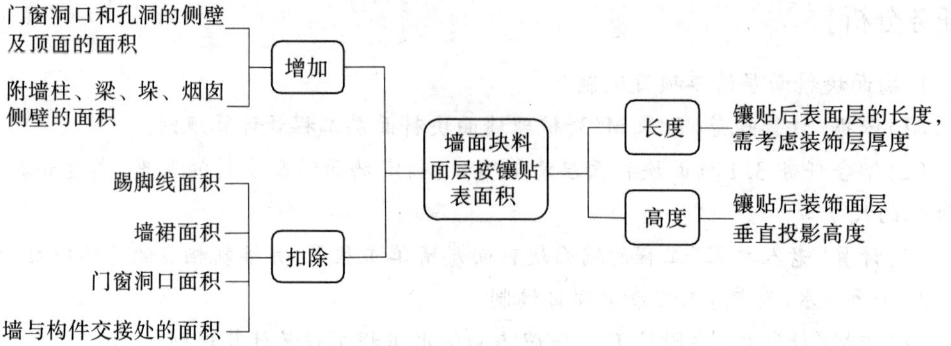

图 3-3　墙面块料面层清单工程量计算思维导图

柱面块料面层清单工程量按镶贴表面积计算,即饰面外围尺寸。若采用柱(梁)面干挂石材的钢骨架,需要参照《计算规范》中表 M.4 的干挂石材钢骨架以 t 计量,同时干挂石材面层按照《计算规范》中表 M.5 块料柱面镶贴表面积计量。

3.4.3　零星抹灰清单项目

参照《计算规范》中表 M.6 的内容,解析镶贴零星块料清单工程量计算规则。

$$S_{零星抹灰} = 镶贴表面积 \tag{3-10}$$

3.4.4　墙面防水、防潮清单项目

参照《计算规范》中表 J.3 的内容,解析墙面防水、防潮清单工程量计算规则。

$$S_{防水} = 图示尺寸面积 \tag{3-11}$$

【任务解析】

1. 墙面块料面层清单项目编制

(1)墙面块料在墙体转角、门窗洞口处的对接连接和直接连接带来的墙面块料面层镶贴表面长度、宽度、高度发生的变化如表 3-14 所示。其中,依据项目图纸做法:①刷素水泥浆基层处理;②15 厚干混抹灰砂浆 DP M10 找平;③1.5 厚 1.5 m 高聚氨酯防水涂料;④6 厚水泥砂浆保护层;⑤粉状型建筑胶黏剂粘贴层;⑥10 厚 450×600 的白色釉面砖。块料的镶贴厚度约为 33 mm。

表 3-14　墙面块料镶贴转角变化表

类型	位置	连接方式	长度变化/m	宽度变化/m	高度变化/m
阳角	外墙面	对接	一边增加 2×0.033	一边增加 2×0.033	不变
阴角	内墙面	直接	一边减小 0.033	一边减小 0.033	不变
阳角	窗洞口	对接	一边减小 2×0.033	—	一边减小 2×0.033
阳角	门洞口	对接	一边减小 2×0.033	—	一边减小 0.033
阴角	窗洞口侧壁	直接	一边减小 0.033	一边增加 0.033	一边减小 0.033
阴角	门洞口侧壁	直接	—	一边增加 0.033	一边减小 0.033

(2)识读“老人之家”立面索引图、各房间立面图及构造做法表,结合任务3.1列出的墙面块料面层清单项目,确定计算墙面块料面层的部位相关尺寸(见表3-15)。基于本工程中块料镶贴的基层有砌体和轻质隔墙,本任务单元只考虑砌体基层上镶贴块料,轻质隔墙上镶贴块料合并轻质隔墙装饰板与块料面层综合列一个清单于墙饰面任务单元分析。

表3-15 墙面块料面层镶贴部位尺寸表

编号	房间	部位	长度/m	高度/m	扣除门窗洞口面积/m²	增加门窗洞口侧壁面积/m²	增减附墙面积/m²
1	男卫生间	A面	2.8-0.033	3+0.1	(0.9-2×0.033)×(2.15-0.033)	[(2.15-0.033)×2+0.9]×(0.12/2+0.033)	0
2		B面	2.77-0.033	3+0.1	0	0	0
3		C面	2.8-0.033	3+0.1	(1.43-2×0.033)×(2.0-2×0.033)	[(1.43-2×0.033)+(2.0-2×0.033)]×2×(0.12/2+0.033)	-1.34×0.2
4		D面	2.77-0.033	3+0.1	0	0	-1.97×0.2
5	女卫生间	A面	2.16-0.033	3+0.1	(0.9-2×0.033)×(2.15-0.033)	[(2.15-0.033)×2+0.9]×(0.12/2+0.033)	-1.17×0.2
6		B面	2.77-0.033	3+0.1	0	0	(0.28+0.033)×2×(3+0.1)
7		C面	2.16-0.033	3+0.1	(1.43-2×0.033)×(2.0-2×0.033)	[(1.43-2×0.033)+(2.0-2×0.033)]×2×(0.12/2+0.033)	-1.17×0.2
8		D面	2.77-0.033	3+0.1	0	0	(2.77-0.033)×0.2
9	洗手区	A面	5.08-0.033	2.9+0.1	3.28×2.5	0	0
10		B面	1.68-0.033	2.9+0.1	0	0	0
11		C面	5.08-0.033	2.9+0.1	(0.9-2×0.033)×(2.15-0.033)×2	[(2.15-0.033)×2+0.9]×(0.12/2+0.033)×2	0
12		D面	1.68-0.033	2.9+0.1	0	0	(0.17+0.033)×2×(2.9+0.1)

(3)根据墙面块料面层工程量计算规则，计算相应部位的清单工程量。

$$S_{男卫生间}=(2.8-0.033)\times(3+0.1)-(0.9-2\times0.033)\times(2.15-0.033)+[(2.15-0.033)\times2+0.9]\times(0.12/2+0.033)+(2.77-0.033)\times(3+0.1)+(2.8-0.033)\times(3+0.1)-(1.43-2\times0.033)\times(2.0-2\times0.033)+[(1.43-2\times0.033)+(2.0-2\times0.033)]\times2\times(0.12/2+0.033)-1.34\times0.2+(2.77-0.033)\times(3+0.1)-1.97\times0.2$$
$$=30.17(m^2)$$

$$S_{女卫生间}=(2.16-0.033)\times(3+0.1)-(0.9-2\times0.033)\times(2.15-0.033)+[(2.15-0.033)\times2+0.9]\times(0.12/2+0.033)-1.17\times0.2+(2.77-0.033)\times(3+0.1)+(0.28+0.033)\times2\times(3+0.1)+(2.16-0.033)\times(3+0.1)-(1.43-2\times0.033)\times(2.0-2\times0.033)+[(1.43-2\times0.033)+(2.0-2\times0.033)]\times2\times(0.12/2+0.033)-1.17\times0.2+(2.77-0.033)\times(3+0.1)-(2.77-0.033)\times0.2$$
$$=37.01(m^2)$$

$$S_{洗手区A面}=(5.08-0.033)\times(2.9+0.1)-3.28\times2.5=6.941(m^2)$$

$$S_{洗手区BCD面}=(1.68-0.033)\times(2.9+0.1)+(5.08-0.033)\times(2.9+0.1)-(0.9-2\times0.033)\times(2.15-0.033)\times2+[(2.15-0.033)\times2+0.9]\times(0.12/2+0.033)\times2+(1.68-0.033)\times(2.9+0.1)+(0.17+0.033)\times2\times(2.9+0.1)$$
$$=23.665(m^2)$$

在砌体墙上粘贴的块料面积：

$$S_{块料1}=S_{男卫生间}+S_{女卫生间}+S_{洗手区BCD面}$$
$$=30.17+37.01+23.665$$
$$\approx90.85(m^2)$$

在轻质隔墙上粘贴的块料面积：

$$S_{块料2}=S_{洗手区A面}=6.941\ m^2\approx6.94\ m^2$$

(4)根据《计算规范》，编制墙面块料面层清单分项工程(见表3-16)。

表3-16 分部分项工程和单价措施清单与计价表

序号	项目编码	项目名称	项目特征描述	计量单位	工程量	金额/元		
						综合单价	合价	其中 暂估价
1	011204003001	块料墙面	1. 刷素水泥浆基层处理 2. 6厚水泥砂浆保护层 3. 粉状型建筑胶黏剂粘贴层 4. 10厚450×600的白色釉面砖	m^2	90.85			

续表 3-16

序号	项目编码	项目名称	项目特征描述	计量单位	工程量	金额/元		
						综合单价	合价	其中
								暂估价
2	011204003002	块料墙面	1. 75×40 轻钢龙骨,中距 300 mm 2. 螺固水泥板 3. 挂钢丝网,粉刷找平 4. 粉状型建筑胶黏剂粘贴层 5. 10 厚 450×600 的白色釉面砖	m^2	6.94			

2. 墙面防水(防潮)工程清单项目编制

(1)识读"老人之家"立面索引图、各房间立面图及构造做法表,结合任务3.1列出的墙面涂膜防水清单项目,确定计算墙面涂膜防水的部位相关尺寸(见表3-17)。

表 3-17 墙面涂膜防水部位尺寸表

编号	房间	部位	长度/m	高度/m	扣除门窗洞口面积/m^2	增加门窗洞口侧壁面积/m^2	增减附墙面积/m^2
1	男卫生间	A 面	2.8	1.5	0.9×1.5	1.5×2×0.12/2	0
2		B 面	2.77	1.5	0	0	0
3		C 面	2.8	1.5	1.43×(1.5−1)	(1.43+0.5×2)×0.12/2	−1.34×0.2
4		D 面	2.77	1.5	0	0	−1.97×0.2
5	女卫生间	A 面	2.16	1.5	0.9×1.5	1.5×2×0.12/2	−1.17×0.2
6		B 面	2.77	1.5	0	0	0.28×2×1.5
7		C 面	2.16	1.5	1.43×(1.5−1)	(1.43+0.5×2)×0.12/2	−1.17×0.2
8		D 面	2.77	1.5	0	0	−2.77×0.2
9	洗手区	B 面	1.68	1.5	0	0	0
10		C 面	5.08	1.5	0.9×1.5×2	1.5×2×0.12/2×2	0
11		D 面	1.68	1.5	0	0	0.17×2×1.5

(2)根据墙面涂膜防水清单项目计算规则,计算相应部位涂膜防水清单工程量。

$S_{男卫生间}=2.8\times1.5-0.9\times1.5+1.5\times2\times0.12/2+2.77\times1.5+2.8\times1.5-1.43\times(1.5-1)+$

$(1.43+0.5\times2)\times0.12/2-1.34\times0.2+2.77\times1.5-1.97\times0.2$

$=14.309(m^2)$

$S_{女卫生间}=2.16\times1.5-0.9\times1.5+1.5\times2\times0.12/2-1.17\times0.2+2.77\times1.5+0.28\times2\times1.5+2.16\times1.5-1.43\times(1.5-1)+(1.43+0.5\times2)\times0.12/2-1.17\times0.2+2.77\times1.5-2.77\times0.2$

$=12.869(m^2)$

$S_{洗手区BCD面}=1.68\times1.5+5.08\times1.5-0.9\times1.5\times2+1.5\times2\times0.12/2\times2+1.68\times1.5+0.17\times2\times1.5$

$=10.83(m^2)$

墙面涂膜防水的清单工程量为：

$S_{防水}=S_{男卫生间}+S_{女卫生间}+S_{洗手区BCD面}$

$=14.309+12.869+10.83$

$\approx38.01(m^2)$

(3)根据《计算规范》，编制墙面涂膜防水清单分项工程(见表3-18)。

表3-18 分部分项工程和单价措施清单与计价表

序号	项目编码	项目名称	项目特征描述	计量单位	工程量	金额/元		
						综合单价	合价	其中
								暂估价
1	010903002001	墙面涂膜防水	1.防水膜品种：聚氨酯防水涂料 2.涂膜厚度：1.5厚 3.涂膜高度：1.5 m高	m^2	38.01			

3.墙面立面砂浆找平层清单项目编制

(1)清单规范中的立面砂浆找平项目适用于仅做找平层的立面抹灰，本工程的墙面立面砂浆找平层为墙面涂膜防水下的15厚干混抹灰砂浆DP M10。通过识读“老人之家”卫生间立面索引图、立面图以及构造做法表，结合任务3.1列出的墙面立面砂浆找平层清单项目，确定计算墙面立面砂浆找平层的相关部位尺寸(见表3-19)。

表3-19 墙面立面砂浆找平层的相关部位尺寸

编号	房间	部位	长度/m	高度/m	扣除门窗洞口面积/m^2	增减附墙面积/m^2
1	男卫生间	A面	2.8	1.5	0.9×1.5	0
2		B面	2.77	1.5	0	0
3		C面	2.8	1.5	1.43×(1.5−1)	−1.34×0.2
4		D面	2.77	1.5	0	−1.97×0.2

续表 3-19

编号	房间	部位	长度/m	高度/m	扣除门窗洞口面积/m^2	增减附墙面积/m^2
5	女卫生间	A 面	2.16	1.5	0.9×1.5	−1.17×0.2
6		B 面	2.77	1.5	0	0.28×2×1.5
7		C 面	2.16	1.5	1.43×(1.5−1)	−1.17×0.2
8		D 面	2.77	1.5	0	−2.77×0.2
9	洗手区	B 面	1.68	1.5	0	0
10		C 面	5.08	1.5	0.9×1.5×2	0
11		D 面	1.68	1.5	0	0.17×2×1.5

(2)根据墙面立面砂浆找平清单项目计算规则，计算相应部位立面砂浆找平清单工程量。

$$S_{男卫生间}=2.8×1.5-0.9×1.5+2.77×1.5+2.8×1.5-1.43×(1.5-1)-1.34×0.2+2.77×1.5-1.97×0.2$$
$$=13.983(m^2)$$

$$S_{女卫生间}=2.16×1.5-0.9×1.5-1.17×0.2+2.77×1.5+0.28×2×1.5+2.16×1.5-1.43×(1.5-1)-1.17×0.2+2.77×1.5-2.77×0.2$$
$$=12.543(m^2)$$

$$S_{洗手区BCD面}=1.68×1.5+5.08×1.5-0.9×1.5×2+1.68×1.5+0.17×2×1.5$$
$$=10.47(m^2)$$

墙面涂膜防水的清单工程量为：

$$S_{立面砂浆}=S_{男卫生间}+S_{女卫生间}+S_{洗手区BCD面}$$
$$=13.983+12.543+10.47$$
$$≈37.00(m^2)$$

(3)根据《计算规范》，编制墙面立面砂浆找平清单分项工程(见表 3-20)。

表 3-20　分部分项工程和单价措施清单与计价表

序号	项目编码	项目名称	项目特征描述	计量单位	工程量	金额/元		
						综合单价	合价	其中 暂估价
1	011201004001	立面砂浆找平层	1. 基层类型：砌体墙 2. 15 厚干混抹灰砂浆 DP M10 找平	m^2	37.00			

【拓展学习】

1. 请结合专业知识,谈谈传统建造和绿色建造的墙面块料施工工艺。

2. 了解墙面块料镶贴工程所用的材料及相应的价格。

3. 结合专业软件,计算墙、柱面的块料面层工程量。

【技能训练】

一、基础技能

1.【单选题】 墙面块料镶贴工程量以(　　)计算。

A. 设计图示尺寸面积　　B. 墙面结构外表面积

C. 墙面镶贴外表面积　　D. 墙面抹灰外表面积

2.【单选题】 墙柱面≤0.5 m^2 的少量分散的镶贴块料面层,按(　　)清单项目列项计算。

A. 墙面块料面层　　B. 柱面镶贴块料　　C. 镶贴零星块料　　D. 梁面镶贴块料

3.【单选题】 墙面防水、防潮清单工程量计算按(　　)。

A. 墙面装饰面层的计算规则计算　　B. 墙面竖直投影面积计算

C. 设计图示尺寸以面积计算　　D. 按防水铺贴实际面积计算

二、提高技能

1. 编制图 3-2 墙面块料面层的清单项目。已知门洞口尺寸 1 200×2 400,窗洞口尺寸 1 500×1 800。外墙高 3.9 m,采用 15 厚 1∶3水泥砂浆打底,用 1∶1水泥砂浆镶贴 240×60×10 的白色面砖(密帖)。

2. 依据实际建筑装饰施工图纸编制相应墙、柱面块料面层工程量清单。

【学后反思】

梳理本任务知识技能体系,构建知识图谱,参照附录 1 综合评价表完成自我评价,并完成一份学后反思总结。

任务 3.5　墙、柱面块料面层清单项目综合单价的确定

【任务描述】

依据“老人之家”项目图纸,确定墙面块料面层、墙面涂膜防水、立面砂浆找平层清单项目的综合单价并计算相应的费用。

【学习目标】

1. 了解影响墙面块料面层、墙面涂膜防水、立面砂浆找平层清单项目的综合单价的因素。

2. 会计算墙面块料面层、墙面涂膜防水清单项目的综合单价,填写综合单价分析表。

3. 确定"老人之家"项目中的墙面块料面层、墙面涂膜防水清单项目的综合单价和清单项目的费用。

【思政要点】

1. 在已有知识体系上建构新知识,引导学生掌握科学的学习方法和途径。

2. 培养学生的实践调查能力、精益求精的职业能力。

【任务分析】

1. 墙面块料面层清单项目综合单价组成

(1) 分析"老人之家"项目卫生间及洗手间墙面块料面层项目清单的项目特征,依据地区预算定额,确定其综合单价组价对应的定额子目。

(2) 按照《计价规范》要求,填写综合单价分析表,编制相应的分部分项工程和单价措施清单与计价表,计算其费用。

2. 墙面涂膜防水清单项目综合单价组成

(1) 分析"老人之家"项目卫生间及洗手间的墙面涂膜防水项目清单的项目特征,依据地区预算定额,确定其综合单价组价对应的定额子目。

(2) 按照《计价规范》要求,填写综合单价分析表,编制相应的分部分项工程和单价措施清单与计价表,计算其费用。

3. 立面砂浆找平层清单项目综合单价组成

(1) 分析"老人之家"项目卫生间及洗手间的立面砂浆找平层项目清单的项目特征,依据地区预算定额,确定其综合单价组价对应的定额子目。

(2) 按照《计价规范》要求,填写综合单价分析表,编制相应的分部分项工程和单价措施清单与计价表,计算其费用。

4. 难点

(1) 会依据项目特征描述确定墙面块料面层、墙面涂膜防水、立面砂浆找平层清单项目综合单价组价对应的定额子目。

(2) 按规范要求填写综合单价分析表,确定其综合单价及费用。

【知识资源】

3.5.1　墙面涂膜防水工程及块料镶贴工程的工程内容分析

卫生间墙面需要做防水处理再镶贴块料面砖,常见做法:①蒸压加气混凝土砌块墙;②界面剂一道甩毛;③6 厚 1:1:6水泥石灰膏砂浆打底扫毛;④6 厚 1:0.5:2.5 水泥石灰膏砂浆分层找平;⑤1.5 厚聚合物水泥基复合防水涂料;⑥4 厚强力胶粉泥黏结,揉挤压实;⑦5-7 厚墙面砖;⑧白水泥浆擦缝。主要包含了墙面立面砂浆找平层、防水工程和块料镶贴工程的具体工作内容。

墙面块料镶贴工程的施工工艺:基层处理→墙面批砂浆找平→弹线分块→贴瓷片→勾缝→养护→清洁面层。

《计算规范》中表J.3墙面防水、防潮工程中墙面涂膜防水清单项目的工程内容为：①基层清理；②刷基层处理剂；③铺布、喷涂防水层。

《计算规范》中表M.1墙面立面砂浆找平层清单项目的工程内容为：①基层清理；②砂浆制作、运输；③抹灰找平。

《计算规范》中表M.4墙面块料面层工程中块料墙面清单项目的工程内容为：①基层清理；②砂浆制作、运输；③黏结层铺贴；④面层安装；⑤嵌缝；⑥刷防护材料；⑦磨光、酸洗、打蜡。

3.5.2 墙面块料面层清单项目的综合单价计算依据

本单元按照现行某省《预算定额》进行清单综合单价编制。该定额依据墙面块料面层镶贴工程的施工工艺，采用的块体材料不同、每块面砖面积大小不同、黏结材料不同、面砖灰缝不同、是否加浆勾缝，分类分解为不同的定额子目，墙面块料面层清单项目的综合单价根据具体的工作内容由一个或者几个定额子目组价形成。

3.5.3 墙面涂膜防水工程清单项目的综合单价计算依据

本单元按照现行某省《预算定额》进行清单综合单价编制。该定额依据涂料防水工程采用不同的防水材料、不同的防水厚度、平面立面、装饰抹灰面层，分类分解为不同的定额子目，墙面涂膜防水清单项目的综合单价根据具体的工作内容由一个或者几个定额子目组价形成。

3.5.4 墙面立面砂浆找平层清单项目的综合单价计算依据

本单元按照现行某省《预算定额》进行清单综合单价编制。该定额依据抹灰工程的打底施工工艺，确定墙面立面砂浆找平层的定额子目，墙面立面砂浆找平层清单项目的综合单价根据具体的工作内容由一个或者几个定额子目组价形成。

【任务解析】

1.墙面块料面层清单项目综合单价编制

(1)依据“老人之家”墙面抹灰清单的项目特征描述，对照某省《预算定额》，从中选择确定完成墙面块料面层清单项目的综合单价计算所对应的定额子目(见表3-21)。

表3-21 墙面块料面层清单项目与定额子目对应关系

项目编码	项目名称	项目特征描述	定额名称	定额子目	工作内容
011204003001	块料墙面	1.刷素水泥浆基层处理 2.6厚水泥砂浆保护层 3.粉状型建筑胶黏剂粘贴层 4.10厚450×600的白色釉面砖	面砖(粉状型建筑胶黏剂每块面积≤0.64 m^2)	12-67	1.清理基层修补；运输、砂浆打底、铺抹结合层(刷胶黏剂) 2.选料、贴瓷块、擦缝、清洁表面

本任务只分析了砌筑墙基层上粘贴块料，轻钢龙骨隔墙板上粘贴块料清单项目合并为在轻钢龙骨隔墙基层上粘贴块料，需同时考虑隔墙板的单价，这一清单的综合单价分析在墙饰面工程中再做分析。

(2)编制综合单价分析表(见表3-22)，并完成相应的分部分项工程和单价措施清单与计价表(见表3-23)。

表3-22　综合单价分析表

项目编码	011204003001	项目名称	墙面块料面层	计量单位	m^2	工程量	90.85				
清单综合单价组成明细											
定额编号	定额名称	定额单位	数量	单价				合价			
				人工费	材料费	机械费	管理费和利润	人工费	材料费	机械费	管理费和利润
12-67	面砖(粉状型建筑胶黏剂，每块面积≤0.64 m^2)	100 m^2	0.01	4 863.63	10 313.51	50.93	1 364.01	48.63	103.14	0.51	13.64
人工单价		小计						48.63	103.14	0.51	13.64
元/工日		未计价材料费						0			
清单项目综合单价								165.92			

表3-23　分部分项工程和单价措施清单与计价表

序号	项目编码	项目名称	项目特征描述	计量单位	工程量	金额/元		
						综合单价	合价	其中
								暂估价
1	011204003001	块料墙面	1.刷素水泥浆基层处理 2.6厚水泥砂浆保护层 3.粉状型建筑胶黏剂粘贴层 4.10厚450×600的白色釉面砖	m^2	90.85	165.92	15 073.83	

2.墙面涂膜防水工程清单项目综合单价编制

(1)依据“老人之家”墙面防水清单的项目特征描述，对照某省《预算定额》，从中选择确定完成墙面防水工程清单项目的综合单价计算所对应的定额子目(见表3-24)。

表3-24　墙面涂膜防水工程清单项目与定额子目对应关系

项目编码	项目名称	项目特征描述	定额名称	定额子目	工作内容
010903002001	墙面涂膜防水	1. 防水膜品种:聚氨酯防水涂料 2. 涂膜厚度:1.5厚 3. 涂膜高度:1.5 m高	聚氨酯防水涂膜2 mm厚立面	9-72	清理基层,调配及涂刷涂料
			聚氨酯防水涂膜减0.5 mm厚立面	9-74	

(2)编制综合单价分析表(见表3-25),并完成相应的分部分项工程和单价措施清单与计价表(见表3-26)。

表3-25　综合单价分析表

项目编码	010903002001	项目名称	墙面涂膜防水	计量单位	m^2	工程量	38.01

清单综合单价组成明细											
定额编号	定额名称	定额单位	数量	单价				合价			
				人工费	材料费	机械费	管理费和利润	人工费	材料费	机械费	管理费和利润
9-72	聚氨酯防水涂膜2 mm厚立面	100 m^2	0.01	583.76	3 665.76	—	155.15	5.84	36.66	—	1.55
9-74	聚氨酯防水涂膜减0.5 mm厚立面	100 m^2	0.01	-146.31	-955.19	—	-39.04	-1.46	-9.55	—	-0.39
人工单价		小计						4.38	27.11	—	1.16
元/工日		未计价材料费						0			
清单项目综合单价								32.65			

表3-26　分部分项工程和单价措施清单与计价表

序号	项目编码	项目名称	项目特征描述	计量单位	工程量	金额/元		
						综合单价	合价	其中 暂估价
1	010903002001	墙面涂膜防水	1. 防水膜品种:聚氨酯防水涂料 2. 涂膜厚度:1.5厚 3. 涂膜高度:1.5 m高	m^2	38.01	32.65	1 241.03	

3. 墙面立面砂浆找平层清单项目综合单价编制

(1)依据"老人之家"墙面立面砂浆找平层的项目特征描述,对照某省《预算定额》,从中选择确定完成墙面立面砂浆找平层清单项目的综合单价计算所对应的定额子目(见表3-27)。

表3-27 墙面立面砂浆找平层清单项目与定额子目对应关系

项目编码	项目名称	项目特征描述	定额名称	定额子目	工作内容
011201004001	立面砂浆找平层	1. 基层类型:砌体墙 2. 15厚干混抹灰砂浆DP M10找平	打底找平15 mm厚	12-21	清理基层、修补堵眼、湿润基层、运输、抹灰、涂刷、清扫落地灰

(2)编制综合单价分析表(见表3-28),并完成相应的分部分项工程和单价措施清单与计价表(见表3-29)。

表3-28 综合单价分析表

项目编码	011201004001	项目名称	立面砂浆找平层	计量单位	m^2	工程量	37

清单综合单价组成明细											
定额编号	定额名称	定额单位	数量	单价				合价			
				人工费	材料费	机械费	管理费和利润	人工费	材料费	机械费	管理费和利润
12-21	打底找平15 mm厚	100 m^2	0.01	1 624.75	306.95	54.68	464.14	16.25	3.07	0.55	4.64
人工单价		小计						16.25	3.07	0.55	4.64
元/工日		未计价材料费						0			
清单项目综合单价								24.51			

表3-29 分部分项工程和单价措施清单与计价表

序号	项目编码	项目名称	项目特征描述	计量单位	工程量	金额/元		
						综合单价	合价	其中
								暂估价
1	011201004001	立面砂浆找平层	1. 基层类型:砌体墙 2. 15厚干混抹灰砂浆DP M10找平	m^2	37	24.51	906.87	

【拓展学习】

1. 结合专业知识，谈谈卫生间等部位整体装配块料面层墙面的综合单价。

2. 结合专业造价软件，编制墙面块料清单项目综合单价。

【技能训练】

1. 编制图3-2墙面块料面层的清单项目综合单价分析表，并完成报价。已知门洞口尺寸1 200×2 400，窗洞口尺寸1 500×1 800。外墙高3.9 m，采用15厚1∶3水泥砂浆打底，用1∶1水泥砂浆镶贴240×60×10的白色面砖(密帖)。

2. 依据实际建筑装饰施工图纸编制墙、柱面块料面层清单项目综合单价分析表，并完成报价。

【学后反思】

梳理本任务知识技能体系，构建知识图谱，参照附录1综合评价表完成自我评价，并完成一份学后反思总结。

任务3.6　墙、柱面其他装饰清单项目编制

【任务描述】

依据"老人之家"项目图纸信息，编制墙、柱面其他装饰项目清单。

【学习目标】

1. 理解墙面装饰板、玻璃隔断、成品隔断、柱面装饰清单项目的工程量计算规则。

2. 会计算墙面装饰板、玻璃隔断、成品隔断、柱面装饰的清单工程量，编制清单项目。

3. 崇尚严谨细致的工作态度、遵纪守规的职业道德，增强爱岗敬业的劳动态度。

【思政要点】

1. 采用思维导图梳理墙饰面、柱饰面、幕墙工程、隔断的工程量计算规则，用图解数学思维的方法解析规则的重点、难点，培养学生用新方法学习新知识、新技能的兴趣和习惯。

2. 培养学生的规范意识，做遵守法律法规、遵守职业道德、遵守校规校纪、遵守社会公德的好公民。

【任务分析】

1. 墙饰面清单项目的编制

(1)依据《计算规范》附录M.7，梳理墙饰面工程量计算规则要点。

(2)结合任务3.1墙面装饰板的清单项目，确定墙面装饰板的长度、高度和扣除增加部位的尺寸。

(3)计算“老人之家”工程的墙饰面清单工程量,并完成清单项目的编制。

2.柱饰面清单项目的编制

(1)依据《计算规范》附录M.8,梳理柱饰面清单项目工程量计算规则。

(2)结合任务3.1柱面装饰工程清单项目,确定相应的长度、高度。

(3)计算“老人之家”项目的柱面装饰工程清单工程量,完成清单项目的编制。

3.隔断清单项目的编制

(1)依据《计算规范》附录M.10,梳理隔断工程量计算规则。

(2)结合任务3.1隔断清单项目,确定相应的长度、高度。

(3)计算“老人之家”项目的隔断清单工程量,完成清单项目的编制。

4.难点

(1)墙面装饰板因材料类型不同,需按不同材料进行分类列项,分别计算。

(2)柱饰面清单工程量计算规则。

(3)根据隔断材料不同,分别列出隔断清单,计算清单工程量。

【知识资源】

3.6.1　墙饰面清单项目

参照《计算规范》表M.7,解析墙饰面清单工程量计算规则。

墙面装饰板清单工程量计算思维导图如图3-4所示。

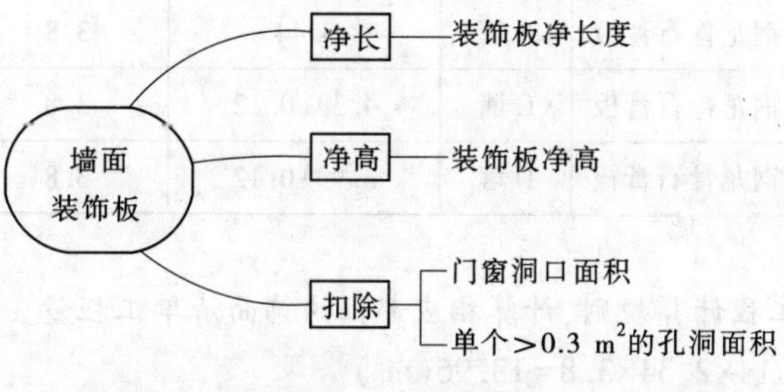

图3-4　墙面装饰板清单工程量计算思维导图

墙面装饰板清单工程量计算公式:

$$S_{墙} = S_{图示} - S_{门窗} - S_{洞口} \tag{3-12}$$

3.6.2　柱(梁)饰面

参照《计算规范》表M.8,解析柱(梁)饰面清单工程量计算规则。

$$S_{柱} = 饰面外围面积 \tag{3-13}$$

柱面装饰按装饰完工饰面外围尺寸计算,需要考虑柱面装饰板厚和连接层的厚度。

3.6.3　幕墙、隔断工程清单项目

参照《计算规范》表M.9、表M.10,解析幕墙工程和隔断工程清单工程量计算规则。

$$S_{幕墙}=图示尺寸面积 \tag{3-14}$$

$$S_{隔断}=图示尺寸面积 \tag{3-15}$$

【任务解析】

1. 墙饰面清单项目的编制

(1)结合任务3.1墙饰面清单项目,本工程中有轻钢龙骨石膏板和轻钢龙骨水泥板两种墙面装饰板,根据具体图纸信息确定相应墙面装饰板的部位相关尺寸(见表3-30)。

表3-30 墙饰面墙体部位计算表

编号	房间	做法	部位	净长/m	净高/m	扣除门窗面积/m²
1	前厅	轻钢龙骨水泥板	弧线段	1/2×3.14×2.34	3.8	—
2		轻钢龙骨水泥板	C墙	5.32-0.12	3.8	3.28×2.5
3	阅读书画室	轻钢龙骨石膏板	A墙	4.2-2.94	2.7	0.9×2.15
4		轻钢龙骨石膏板	B墙	7.25-0.38-0.5	3.8	—
5	娱乐室	轻钢龙骨石膏板	A墙	1.6+0.3×2	2.7	1.7×2.15
6		轻钢龙骨石膏板	B墙	7.25-0.38-0.5	3.8	—
7	培训室	轻钢龙骨石膏板	A墙	0.63	3.8	—
8		轻钢龙骨石膏板	B墙	7.25+0.12	3.8	—
9	活动室	轻钢龙骨石膏板	A墙	3.44	3.8	0.9×2.15
10	棋牌室	轻钢龙骨石膏板	C墙	4.33+0.12	3.8	—
11		轻钢龙骨石膏板	D墙	3.99+0.12	3.8	0.9×2.15

(2)根据墙饰面工程计算规则,计算相应部位的饰面清单工程量。

$S_{前厅弧线段}=1/2\times3.14\times2.34\times3.8=13.96(m^2)$

$S_{前厅C墙}=(5.32-0.12)\times3.8-3.28\times2.5=11.56(m^2)$

$S_{阅读书画室}=(4.2-2.94)\times2.7-0.9\times2.15+(7.25-0.38-0.5)\times3.8=25.673(m^2)$

$S_{娱乐室}=(1.6+0.3\times2)\times2.7-1.7\times2.15+(7.25-0.38-0.5)\times3.8=26.491(m^2)$

$S_{培训室}=0.63\times3.8+(7.25+0.12)\times3.8=30.4(m^2)$

$S_{活动室}=3.44\times3.8-0.9\times2.15=11.137(m^2)$

$S_{棋牌室}=(4.33+0.12)\times3.8+(3.99+0.12)\times3.8-0.9\times2.15=30.593(m^2)$

轻钢龙骨水泥板墙面装饰板清单工程量为:

$S=S_{前厅弧线段}+S_{前厅C墙}=13.96+11.56=25.52(m^2)$

轻钢龙骨石膏板墙面装饰板清单工程量为:

$S=S_{阅读书画室}+S_{娱乐室}+S_{培训室}+S_{活动室}+S_{棋牌室}$

$=25.673+26.491+30.4+11.137+30.593$

$=124.294(m^2)\approx124.29\ m^2$

(3)根据《计算规范》,编制墙饰面清单分项工程(见表3-31)。

表3-31 分部分项工程和单价措施清单与计价表

序号	项目编码	项目名称	项目特征描述	计量单位	工程量	金额/元		
						综合单价	合价	其中 暂估价
1	011207001001	墙面装饰板	1. 75×40轻钢龙骨,中距300 mm 2. 内部密实填充隔音岩棉 3. 双侧单层铺钉9.5厚石膏板	m^2	124.29			
2	011207001002	墙面装饰板	1. 75×40轻钢龙骨,中距300 mm 2. 螺固水泥板	m^2	25.52			

2. 柱、梁饰面清单项目的编制

(1)结合任务3.1柱饰面清单项目,确定柱饰面的部位相关尺寸,计算柱饰面清单工程量。

$$S=(1.076+0.908)\times2\times2.8=11.11(m^2)$$

此处梁为各房间的假梁饰面,根据立面索引图及假梁节点大样图,各房间假梁的截面高度为立面图示尺寸加相应吊顶上方0.1 m。

$S_{阅读书画室}=(0.12+0.38+0.1)\times2\times4.2=5.04(m^2)$

$S_{娱乐室}=(0.12+0.4+0.1)\times2\times(7.36-0.43\times2)=8.06(m^2)$

$S_{培训室}=(0.12+0.38+0.1)\times2\times(14.73-0.63-0.55\times2)=15.6(m^2)$

$S_{棋牌室}=(0.12+0.3+0.1)\times2\times(1.43+2.19)=3.76(m^2)$

$S_{假梁}=5.04+8.06+15.6+3.76=32.46(m^2)$

(2)根据《计算规范》,编制柱、梁饰面清单分项工程(见表3-32)。

表3-32 分部分项工程和单价措施清单与计价表

序号	项目编码	项目名称	项目特征描述	计量单位	工程量	金额/元		
						综合单价	合价	其中 暂估价
1	011208001001	柱面装饰	1. 75×40轻钢龙骨,中距300 mm 2. 内部密实填充隔音岩棉 3. 单侧单层铺钉9.5厚石膏板	m^2	11.11			

续表 3-32

<table>
<tr><th rowspan="3">序号</th><th rowspan="3">项目编码</th><th rowspan="3">项目名称</th><th rowspan="3">项目特征描述</th><th rowspan="3">计量单位</th><th rowspan="3">工程量</th><th colspan="3">金额/元</th></tr>
<tr><th rowspan="2">综合单价</th><th rowspan="2">合价</th><th>其中</th></tr>
<tr><th>暂估价</th></tr>
<tr><td>2</td><td>011208001002</td><td>假梁面装饰</td><td>1. 方木单层楞龙骨
2. 直径 8 mm 吊筋
3. 18 厚细木工板
4. 10 厚纸面石膏板</td><td>m^2</td><td>32. 46</td><td></td><td></td><td></td></tr>
</table>

3. 隔断清单项目的编制

(1)结合任务 3. 1 隔断清单项目，本工程中有磨砂玻璃隔断和成品厕位隔断两种隔断，根据具体图纸信息计算相应部位相关尺寸(见表 3-33)。

表 3-33　隔断部位相关尺寸

编号	房间	做法	部位	净长/m	净高/m
1	阅读书画室	磨砂玻璃	A 墙	2. 94	2. 7
2	娱乐室	磨砂玻璃	A 墙	2. 15×2	2. 7
3	培训室	磨砂玻璃	A 墙	2. 05×4+2. 4×2	2. 7
4	棋牌室	磨砂玻璃	A 墙	1. 43+2. 19	2. 7
5	女卫生间	成品隔断	厕位	2. 77+1. 1×3	1. 8
6	男卫生间	成品隔断	小便斗处	0. 5×2	1. 2
7	男卫生间	成品隔断	厕位	(2. 77−1)+1. 21×2	1. 8

(2)根据隔断清单项目计算规则，计算相应部位清单工程量。

磨砂玻璃隔断清单工程量为：

$S_{阅读书画室}=2.94\times2.7=7.938(m^2)$

$S_{娱乐室}=2.15\times2\times2.7=11.61(m^2)$

$S_{棋牌室}=(1.43+2.19)\times2.7=9.774(m^2)$

$S_{培训室}=(2.05\times4+2.4\times2)\times2.7=35.1(m^2)$

$S=S_{阅读书画室}+S_{娱乐室}+S_{棋牌室}+S_{培训室}=7.938+11.61+9.774+35.1$

$=64.422(m^2)\approx64.42\ m^2$

成品隔断清单工程量为：

$S_{女卫生间}=(2.77+1.1\times3)\times1.8=10.926(m^2)$

$S_{男卫生间}=0.5\times2\times1.2+[(2.77-1)+1.21\times2]\times1.8=8.742(m^2)$

$S=S_{女卫生间}+S_{男卫生间}=10.926+8.742=19.668(m^2)\approx19.69\ m^2$

(3)根据《计算规范》，编制隔断清单分项工程(见表 3-34)。

表3-34　分部分项工程和单价措施清单与计价表

序号	项目编码	项目名称	项目特征描述	计量单位	工程量	金额/元		
						综合单价	合价	其中 暂估价
1	011210003001	玻璃隔断	1. 100×80不锈钢框 2. 12厚钢化玻璃隔断	m^2	64.42			
2	011210005001	成品隔断	1. 8 m高抗倍特板成品厕位隔断	m^2	19.69			

【拓展学习】

1. 请结合专业知识，谈谈墙饰面的传统施工工艺和墙饰面的新材料、新技术。
2. 了解墙饰面工程所用的材料以及相应的价格。
3. 结合专业软件，计算墙饰面的工程量。

【技能训练】

一、基础技能

【多选题】　以下说法正确的是（　　）。

A. 装饰板墙面按设计图示墙净长乘以净高以面积计算，扣除门窗洞口及0.3 m^2以上的孔洞所占面积

B. 装饰板柱（梁）面按设计图示外围饰面尺寸以面积计算

C. 浴厕隔断门的材质相同者，其门的面积不扣除，并入隔断内计算

D. 隔断按设计图示尺寸以框外围面积计算。扣除0.3 m^2以上的孔洞所占面积

E. 柱帽、柱墩工程量并入相应板面积内计算

二、提高技能

依据实际建筑装饰施工图纸编制墙饰面、柱饰面、幕墙、隔断工程量清单。

【学后反思】

梳理本任务知识技能体系，构建知识图谱，参照附录1综合评价表完成自我评价，并完成一份学后反思总结。

任务3.7　墙、柱面其他装饰清单项目综合单价的确定

【任务描述】

依据“老人之家”项目图纸，确定墙饰面、柱饰面、隔断清单项目的综合单价并计算相

应的费用。

【学习目标】

1. 知道影响墙饰面、柱饰面、隔断清单项目综合单价的影响因素。

2. 会确定墙饰面、柱饰面、隔断清单项目的综合单价,会填写综合单价分析表。

3. 会计算"老人之家"项目墙饰面、柱饰面、隔断清单项目的综合单价及费用。

【思政要点】

1. 在已有知识体系上建构新知识,引导学生养成科学的学习方法和途径。

2. 培养学生的实践调查能力、精益求精的职业能力。

【任务分析】

1. 墙饰面清单项目综合单价组成

(1)分析"老人之家"项目轻钢龙骨石膏板和轻钢龙骨水泥板两种墙面装饰板,以及轻钢龙骨水泥板镶贴块料墙饰面清单的项目特征,依据地区预算定额,确定其综合单价组价对应的定额子目。

(2)按照《计价规范》要求,填写综合单价分析表,编制相应的分部分项工程和单价措施清单与计价表,计算其费用。

2. 柱饰面清单项目综合单价组成

(1)分析"老人之家"项目柱饰面清单的项目特征,依据地区预算定额,确定其综合单价组价对应的定额子目。

(2)按照《计价规范》要求,填写综合单价分析表,编制相应的分部分项工程和单价措施清单与计价表,计算其费用。

3. 隔断清单项目综合单价组成

(1)分析"老人之家"项目隔断项目清单的项目特征,依据地区预算定额,确定其综合单价组价对应的定额子目。

(2)按照《计价规范》要求,填写综合单价分析表,编制相应的分部分项工程和单价措施清单与计价表,计算其费用。

4. 难点

(1)根据项目特征确定对应的综合单价组成。

(2)按规范要求填写综合单价分析表。

【知识资源】

3.7.1 墙、梁饰面工程内容分析

墙、梁饰面工程主要是轻质隔墙、柱饰面,其常见的施工工艺:弹线→安装天地龙骨→安装竖龙骨→安装贯通龙骨→机电管线安装→安装横撑龙骨→门窗等洞口制作→安装罩面板(一侧)→安装填充材料→安装罩面板(另一侧)。

《计算规范》中表 M.7 墙、柱面装饰板清单项目编制中的工程内容为:①基层清理;

②龙骨制作、运输、安装;③钉隔离层;④基层铺钉;⑤面层铺贴。

3.7.2 玻璃隔断墙工程内容分析

玻璃隔断墙常见的施工工艺:定位放线→预埋件安装→立柱固定→夹槽安装→安装玻璃→防撞栏杆安装→硅酮胶封闭→清理→保护。

《计算规范》中表 M.10 玻璃隔断清单项目编制中的工程内容为:①边框制作、运输、安装;②玻璃制作、运输、安装;③嵌缝、塞口。

3.7.3 墙饰面清单项目的综合单价计算依据

本单元按照现行某省《预算定额》进行清单综合单价编制。该定额依据墙饰面的施工工艺,采用的龙骨材料不同、夹板基层、面层的材料不同,分类分解为不同的定额子目,墙饰面清单项目的综合单价根据具体的工作内容由一个或者几个定额子目组价形成。

3.7.4 柱饰面清单项目的综合单价计算依据

本单元按照现行某省《预算定额》进行清单综合单价编制。该定额依据柱饰面的施工工艺,采用的龙骨、基层、面层的材料不同,分类分解为不同的定额子目,柱饰面清单项目的综合单价根据具体的工作内容一个或者几个定额子目组价形成。

3.7.5 隔断清单项目的综合单价计算依据

本单元按照现行某省《预算定额》进行清单综合单价编制。该定额依据隔断的施工工艺,采用的龙骨、基层、面层的材料不同,分类分解为不同的定额子目,隔断清单项目的综合单价根据具体的工作内容由一个或者几个定额子目组价形成。

【任务解析】

1. 墙饰面清单项目综合单价编制

(1)依据"老人之家"墙饰面清单的项目特征描述,依据各分项工程的项目特征描述,对照某省《预算定额》,从中选择确定完成轻钢龙骨水泥板墙面装饰板、轻钢龙骨石膏板墙面装饰板和轻钢龙骨隔墙板上粘贴块料清单项目的综合单价计算所对应的定额子目(见表 3-35)。

表 3-35 墙饰面清单项目与定额子目对应关系

项目编码	项目名称	项目特征描述	定额名称	定额子目	工作内容
011207001001	墙面装饰板	1. 75×40 轻钢龙骨,中距 300 mm 2. 内部密实填充隔音岩棉 3. 双侧单层铺钉 9.5 厚石膏板	轻钢龙骨 中距(mm 以内) 竖 603 横 1 500	12-132	基层清理,定位,画线,钻眼、安膨胀螺栓、安装龙骨
			隔音岩棉	(12-135)换	龙骨基层上钉隔离层
			石膏板墙面	2(12-153)	双面,铺钉面层、钉压条、清理等

续表 3-35

项目编码	项目名称	项目特征描述	定额名称	定额子目	工作内容
011207001002	墙面装饰板	1. 75×40 轻钢龙骨,中距 300 mm 2. 螺固水泥板	轻钢龙骨 中距(mm 以内) 竖 603 横 1 500	12-132	基层清理,定位,画线,钻眼、安膨胀螺栓、安装龙骨
			FC 板	2(12-169)	1. 钉或铺贴面层、清理等 2. 清理基层、打胶、粘贴二层、清理净面等
011204003002	块料墙面	1. 75×40 轻钢龙骨,中距 300 mm 2. 螺固水泥板 3. 挂钢丝网,粉刷找平 4. 粉状型建筑胶黏剂粘贴层 5. 10 厚 450×600 的白色釉面砖	轻钢龙骨 中距(mm 以内) 竖 603 横 1 500	12-132	基层清理,定位,画线,钻眼、安膨胀螺栓、安装龙骨
			FC 板	2(12-169)	1. 钉或铺贴面层、清理等 2. 清理基层、打胶、粘贴二层、清理净面等
			面砖 (粉状型建筑胶黏剂每块面积≤0. 64 m^2)	12-67	1. 清理基层、修补;运输、砂浆打底、铺抹结合层(刷胶黏剂) 2. 选料、贴瓷块、擦缝、清洁表面

本任务轻钢龙骨石膏板内置隔音岩棉中(12-135)子目是按照玻璃棉毡隔离层编制的,需要查询隔音岩棉材料的市场价进行替换,袋装隔音岩棉 50 mm 厚的市场价格为 20 元/m^2;轻钢龙骨石膏板墙面的面层石膏板需要是两面的,定额子目(12-153)乘以 2。轻钢龙骨隔墙板上粘贴块料清单项目包含了轻钢龙骨、FC 板及面砖单面饰面层的内容,另一面是乳胶漆,在轻质隔墙上刷油漆清单项目中统一进行综合单价分析。

(2)编制综合单价分析表,完成相应的分部分项工程和单价措施清单与计价表。

①轻钢龙骨石膏板墙饰面综合单价分析表与分部分项工程和单价措施清单与计价表分别如表 3-36、表 3-37 所示。

表3-36 综合单价分析表

项目编码	011207001001	项目名称	墙面装饰板	计量单位	m^2	工程量	124.29

清单综合单价组成明细

定额编号	定额名称	定额单位	数量	单价				合价			
				人工费	材料费	机械费	管理费和利润	人工费	材料费	机械费	管理费和利润
12-132	轻钢龙骨中距(mm以内)竖603横1 500	100 m^2	0.01	807.90	3 129.31	—	224.76	8.08	31.29	—	2.25
(12-135)换	玻璃棉毡隔离层	100 m^2	0.01	402.49	2 103.7	—	111.95	4.02	21.04	—	1.12
2(12-153)	石膏板墙面	100 m^2	0.02	1 849.58	1 845.76	—	514.52	36.99	36.92	—	10.29
人工单价		小计						49.09	89.25	—	13.66
元/工日		未计价材料费									
清单项目综合单价								152			

表3-37 分部分项工程和单价措施清单与计价表

序号	项目编码	项目名称	项目特征描述	计量单位	工程量	金额/元		
						综合单价	合价	其中 暂估价
1	011207001001	墙面装饰板	1. 75×40轻钢龙骨,中距300 mm 2. 内部密实填充隔音岩棉 3. 双侧单层铺钉9.5厚石膏板	m^2	124.29	152	18 892.08	

②轻钢龙骨水泥板墙饰面综合单价分析表与分部分项工程和单价措施清单与计价表分别如表3-38、表3-39所示。

表 3-38 综合单价分析表

项目编码	011207001002	项目名称	墙面装饰板	计量单位	m^2	工程量	25.52

清单综合单价组成明细

定额编号	定额名称	定额单位	数量	单价				合价			
				人工费	材料费	机械费	管理费和利润	人工费	材料费	机械费	管理费和利润
12-132	轻钢龙骨中距（mm 以内）竖 603 横 1 500	100 m^2	0.01	807.90	3 129.31	—	224.76	8.08	31.29	—	2.25
2（12-169）	FC 板	100 m^2	0.02	1 444.17	5 172.03	—	401.71	28.88	103.44	—	8.03
人工单价		小计						36.96	134.73	—	10.28
元/工日		未计价材料费									
清单项目综合单价								181.97			

表 3-39 分部分项工程和单价措施清单与计价表

序号	项目编码	项目名称	项目特征描述	计量单位	工程量	金额/元		
						综合单价	合价	其中
								暂估价
1	011207001002	墙面装饰板	1. 75×40 轻钢龙骨，中距 300 mm 2. 螺固水泥板	m^2	25.52	181.97	4 643.87	

③轻钢龙骨水泥板块料墙面综合单价分析表与分部分项工程和单价措施清单与计价表分别如表 3-40、表 3-41 所示。

表 3-40 综合单价分析表

项目编码	011204003002	项目名称	块料墙面		计量单位	m^2	工程量	6.94		
清单综合单价组成明细										
定额编号	定额名称	定额单位	数量	单价				合价		
				人工费	材料费	机械费	管理费和利润	人工费	材料费	机械费	管理费和利润
12-132	轻钢龙骨中距(mm以内)竖 603 横 1 500	100 m^2	0.01	807.90	3 129.31	—	224.76	8.08	31.29	—	2.25
2 (12-169)	FC 板	100 m^2	0.02	1 444.17	5 172.03	—	401.71	28.88	103.44	—	8.03
12-67	面砖(粉状型建筑胶黏剂每块面积≤0.64 m^2)	100 m^2	0.01	4 863.63	10 313.51	50.93	1 364.01	48.64	103.14	0.51	13.64
人工单价		小计						85.6	237.87	0.51	23.92
元/工日		未计价材料费									
清单项目综合单价								347.9			

表 3-41 分部分项工程和单价措施清单与计价表

序号	项目编码	项目名称	项目特征描述	计量单位	工程量	金额/元		
						综合单价	合价	其中
								暂估价
1	011204003002	块料墙面	1. 75×40 轻钢龙骨,中距 300 mm 2. 螺固水泥板 3. 挂钢丝网,粉刷找平 4. 粉状型建筑胶黏剂粘贴层 5. 10 厚 450×600 的白色釉面砖	m^2	6.94	347.9	2 414.43	

2. 柱饰面清单项目综合单价编制

(1)依据“老人之家”柱饰面各分项工程的项目特征描述,对照某省《预算定额》,确定柱饰面清单项目的综合单价计算所对应的定额子目(见表 3-42)。

表 3-42　柱饰面清单项目与定额子目对应关系

项目编码	项目名称	项目特征描述	定额名称	定额子目	工作内容
011208001001	柱面装饰	1. 75×40 轻钢龙骨,中距 300 mm 2. 内部密实填充隔音岩棉 3. 单侧单层铺钉 9.5 厚石膏板	轻钢龙骨 中距(mm 以内) 竖 603 横 1 500	12-132	基层清理,定位,画线,钻眼、安膨胀螺栓、安装龙骨
			隔音岩棉	(12-135)换	龙骨基层上钉隔离层
			石膏板墙面	2 (12-153)	双面,铺钉面层、钉压条、清理等
011208001002	假梁面装饰	1. 方木单层楞龙骨 2. 直径 8 mm 吊筋 3. 18 厚细木工板 4. 10 厚纸面石膏板	方木天棚龙骨	13-23	制作、安装木楞
			细木工板基层	(13-80)换	安装胶合板基层
			纸面石膏板	(13-81)	安装天棚基层

柱饰面轻钢龙骨填充隔音棉石膏板面层均借用墙饰面子目中的相关龙骨、基层、面层子目。

假梁的做法类似于天棚做法,在此假梁的龙骨、基层、面层均借用天棚吊顶工程的相关龙骨、基层子目。

(2)编制综合单价分析表,完成分部分项工程和单价措施清单与计价表(见表 3-43~表 3-45)。

表 3-43　综合单价分析表

项目编码	011208001001	项目名称		柱面装饰		计量单位	m²	工程量	11.11
清单综合单价组成明细									
定额编号	定额名称	定额单位	数量	单价				合价	
				人工费	材料费	机械费	管理费和利润	人工费	材料费
12-132	轻钢龙骨中距(mm 以内)竖 603 横 1 500	100 m²	0.01	807.90	3 129.31	—	224.76	8.08	31.29

定额编号	合价·机械费	合价·管理费和利润
12-132	—	2.25

续表 3-43

项目编码	011208001001	项目名称	柱面装饰	计量单位	m^2	工程量	11.11				
清单综合单价组成明细											
定额编号	定额名称	定额单位	数量	单价				合价			
				人工费	材料费	机械费	管理费和利润	人工费	材料费	机械费	管理费和利润
(12-135)换	玻璃棉毡隔离层	100 m^2	0.01	402.49	2 103.7	—	111.95	4.02	21.04	—	1.12
2 (12-153)	石膏板墙面	100 m^2	0.02	1 849.58	1 845.76	—	514.52	36.99	36.92	—	10.29
人工单价		小计						49.09	89.25	—	13.66
元/工日		未计价材料费									
清单项目综合单价								152			

表 3-44　综合单价分析表

项目编码	011208001002	项目名称	假梁面装饰	计量单位	m^2	工程量	32.46				
清单综合单价组成明细											
定额编号	定额名称	定额单位	数量	单价				合价			
				人工费	材料费	机械费	管理费和利润	人工费	材料费	机械费	管理费和利润
12-132	方木天棚龙骨单层楞	100 m^2	0.01	1 271.59	2 731.82	168.98	401.28	12.72	27.32	1.69	4.01
(13-80)换	细木工板基层	100 m^2	0.01	840.15	3 384.6	0	165.08	8.40	33.85	0	1.65
(13-81)	纸面石膏板	100 m^2	0.01	1 081.25	1 452.60	0	341.24	10.81	14.53	0	3.41
人工单价		小计						31.93	75.7	1.69	9.07
元/工日		未计价材料费									
清单项目综合单价								118.39			

注：(13-80)子目调换胶合板为18厚的细木工板基层，31.4 元/m^2，则相应的综合单价分析表中材料费做相应的调整。调整后的材料费 = 1 662.60+(31.4-15)×105 = 3 384.6(元/m^2)。

表 3-45　分部分项工程和单价措施清单与计价表

序号	项目编码	项目名称	项目特征描述	计量单位	工程量	金额/元		
						综合单价	合价	其中 暂估价
1	011208001001	柱面装饰	1. 75×40 轻钢龙骨，中距 300 mm 2. 内部密实填充隔音岩棉 3. 单侧单层铺钉 9.5 厚石膏板	m^2	11.11	152	1 688.72	
2	011208001002	假梁面装饰	1. 方木单层楞龙骨 2. 直径 8 mm 吊筋 3. 18 厚细木工板 4. 10 厚纸面石膏板	m^2	32.46	118.39	3 842.94	

3. 隔断清单项目综合单价编制

(1)依据"老人之家"磨砂玻璃隔断和成品厕位隔断清单项目各分项工程的项目特征描述，对照某省《预算定额》，确定磨砂玻璃隔断和成品厕位隔断清单项目的综合单价计算对应的定额子目(见表 3-46)。

表 3-46　隔断清单项目与定额子目对应关系

项目编码	项目名称	项目特征描述	定额名称	定额子目	工作内容
011210003001	玻璃隔断	1. 100×80 不锈钢框 2. 12 mm 厚钢化玻璃隔断	铝合金玻璃隔断	(12-223)换	定位画线、下料、安装龙骨、安玻璃或板条、嵌缝清理等
011210005001	成品隔断	1.8 m 高抗倍特板成品厕位隔断	成品浴厕隔断安装	(12-HA7)换	成品浴厕隔断定位、安装、清理等

本清单钢化玻璃隔断，需调换铝合金型材综合调整为不锈钢型材综合，不锈钢型材的市场价为 22 元/kg，5 厚的平板玻璃换成 12 厚的钢化玻璃为 80 元/m^2。1.8 m 高抗倍特板成品厕位隔断，套用成品浴厕隔断安装，补充 1.8 m 高抗倍特板成品浴厕隔断价格 320 元/m^2。

(2)编制综合单价分析表，完成分部分项工程和单价措施清单与计价表。

①玻璃隔断综合单价分析表与分部分项工程和单价措施清单与计价表分别如

表3-47、表3-48所示。

表3-47 综合单价分析表

项目编码	011210003001	项目名称	玻璃隔断	计量单位	m^2	工程量	64.42

清单综合单价组成明细

定额编号	定额名称	定额单位	数量	单价				合价			
				人工费	材料费	机械费	管理费和利润	人工费	材料费	机械费	管理费和利润
(12-223)换	不锈钢钢化玻璃隔断	100 m^2	0.01	39 996.07	10 517.68	—	1 111.7	399.96	105.18	—	11.18
人工单价		小计						399.96	105.18	—	11.18
元/工日		未计价材料费									
清单项目综合单价								516.32			

材料费=9 669.28+(24.73-16.65)×105=10 517.68(元/100 m^2)。

表3-48 分部分项工程和单价措施清单与计价表

序号	项目编码	项目名称	项目特征描述	计量单位	工程量	金额/元		
						综合单价	合价	其中 暂估价
1	011210003001	玻璃隔断	1. 100×80不锈钢框 2. 12 mm厚钢化玻璃隔断	m^2	64.42	516.32	33 261.33	

②成品浴厕隔断综合单价分析表与分部分项工程和单价措施清单与计价表分别如表3-49、表3-50所示。

表3-49 综合单价分析表

项目编码	011210005001	项目名称	成品隔断	计量单位	m^2	工程量	19.69

清单综合单价组成明细

定额编号	定额名称	定额单位	数量	单价				合价			
				人工费	材料费	机械费	管理费和利润	人工费	材料费	机械费	管理费和利润
12-HA7	成品浴厕隔断安装	10 m^2	0.1	604.56	3.18	—	168.35	60.46	0.32	—	16.84
人工单价		小计						60.46	0.32	—	16.84
元/工日		未计价材料费						320			
清单项目综合单价								397.62			

1.8 m 高抗倍特板成品浴厕隔断价格 320 元/m^2，计入综合单价分析表中的“未计价材料费”中。

表 3-50 分部分项工程和单价措施清单与计价表

序号	项目编码	项目名称	项目特征描述	计量单位	工程量	金额/元		
						综合单价	合价	其中 暂估价
1	011210005001	成品隔断	1.8 m 高抗倍特板成品厕位隔断	m^2	19.69	397.62	7 829.14	

【拓展学习】

1. 结合专业知识，谈谈新型墙、柱面饰面层的综合单价组成。
2. 结合专业造价软件，编制墙、柱饰面清单项目综合单价。

【技能训练】

依据实际建筑装饰施工图纸编制墙、柱面其他装饰清单项目综合单价分析表和费用。

【学后反思】

梳理本任务知识技能体系，构建知识图谱，参照附录 1 综合评价表完成自我评价，并完成一份学后反思总结。

项目4　天棚装饰工程

任务4.1　天棚装饰类型

【任务描述】

依托“老人之家”项目，了解天棚装饰工程的发展变革及类型，并依据“老人之家”项目图纸，识别不同部位天棚装饰类型，列出对应的清单项目编码、项目名称、项目特征、计量单位。

【学习目标】

1. 理解天棚装饰工程各清单项目的具体含义，掌握天棚装饰工程清单项目划分，提高查阅规范的能力。

2. 提高使用规范解决实际问题的能力。

3. 了解新型天棚装饰材料。

【思政要点】

1. 在专业学习的同时，认知美、感受美、爱好美，提高美学素养。

2. 用专业的眼光观察生活，培养主动探索学习新技术、新发展的能力。

【任务分析】

1. 天棚装饰工程的类型

(1)通过实践调研，收集天棚装饰工程的信息，探究常见的天棚装饰类型，完成表4-1。

表4-1　房间(部位)天棚装饰表

编号	房间(部位)	天棚装饰类型	天棚装饰构造做法
1			
⋮			

(2)写一篇300字的综述。

2. 依据“老人之家”项目图纸，列出相应的工程各装饰类型清单的项目编码、项目名称、项目特征、计量单位。

(1)识读图纸,列出各部位天棚装饰的具体做法。

(2)查阅《计算规范》N.1~N.4的各分项工程的清单项目名称,理解各清单项目的工作内容。

(3)将"老人之家"项目图纸中的天棚装饰工程做法与《计算规范》中天棚装饰工程的清单项目对应。

3. 难点

提取图纸中天棚工程关键做法信息,与《计算规范》中的天棚工程清单项目名称对应。

【知识资源】

4.1.1 天棚装饰工程的发展变革

4.1.1.1 裱顶棚

裱顶棚在我国有些地方又被叫作"裱仰层"。裱顶棚主要是为了美化居住环境,同时保护了房檩椽子。如今,随着生活水平的提高,旧时裱顶棚的这种技术也成了一种非物质文化遗产。

4.1.1.2 玻璃天棚

玻璃天棚能起到扩大空间感的作用,还能使顶部光线均匀、柔和。为了更加美观,还可以将色彩、图案、各类艺术绘画、影像绘制或印刷在玻璃上,形成彩绘玻璃天棚。

4.1.1.3 石膏板天棚

石膏板是以熟石膏为主要原料掺入添加剂与纤维制成的。它质量轻、强度较高、加工方便,隔音绝热和防火等性能较好,是当前着重发展的轻质板材之一。

4.1.1.4 金属板天棚

金属板天棚是不锈钢板、铝合金板和彩色镀锌钢板天棚的统称。家装中主要用在厨房和卫生间。其不仅能防火、防潮,还能防腐、抗静电、吸音。

4.1.1.5 PS板

PS(聚苯乙烯)板是新型材料,它色彩多样、弹性大、质量轻,因为具有良好的透光性,主要用于发光吊顶。

4.1.2 天棚抹灰清单项目划分

天棚抹灰工程清单项目设置应按《计算规范》中表N.1的规定执行。

注意事项:

(1)天棚抹灰一般指石灰砂浆、水泥砂浆、混合砂浆、石膏灰砂浆等天棚抹灰面。

(2)天棚抹灰应按部位、基层、做法不同分别列项计算。

4.1.3 天棚吊顶清单项目划分

天棚吊顶工程量清单项目设置应按《计算规范》中表N.2的规定执行。

注意事项：

(1)天棚保温隔热另按《计算规范》附录K.1(011001002)项目编码列项。

(2)天棚吊顶若需油漆、涂料,另按《计算规范》附录P"油漆、涂料、裱糊工程"中相应项目编码列项。

4.1.4 采光天棚清单项目划分

采光天棚工程量清单项目设置应按《计算规范》中表N.3的规定执行。

注意事项：

采光天棚骨架另按《计算规范》附录F"金属结构工程"中相关项目编码列项。

4.1.5 天棚其他装饰清单项目划分

天棚其他装饰工程量清单项目设置应按《计算规范》中表N.4的规定执行。

注意事项：

(1)灯带(槽)可结合实际工程按不同构造形式分别列项。

(2)送风口、回风口可结合实际工程按不同材料、构造形式分别列项。

【任务解析】

1.识读"老人之家"天花材质图及构造做法一览表,按房间部位列出天棚装饰类型,见表4-2。

表4-2 房间部位天棚装饰表

编号	房间	部位	天棚装饰做法
1	阅读书画室	顶面	矿棉板装饰板吊顶
2	娱乐室	顶面	矿棉板装饰板吊顶
3	棋牌室	顶面	矿棉板装饰板吊顶
4	活动室	顶面	铝合金格栅吊顶
5	男女卫生间	顶面	300×300铝扣板集成吊顶 (轻钢龙骨金属板吊顶)
6	培训室	顶面中央	顶喷三遍黑色乳胶漆、铝合金格栅吊顶
7		顶面四周	纸面石膏板吊顶
8	洗手区	顶面	纸面石膏板吊顶
9	走廊	顶面	纸面石膏板吊顶
10	门厅	顶面	纸面石膏板吊顶
11	前厅	顶面	纸面石膏板吊顶
12	所有房间	顶面	天棚抹灰

2.将"老人之家"图纸中相关天棚的装饰内容按清单规范要求分类汇总,确定项目名

称、项目编码、计量单位,描述项目特征,见表4-3。

表4-3 天棚装饰工程清单列项

序号	项目编码	项目名称	项目特征	计量单位
1	011301001001	天棚抹灰	1. 基层类型:混凝土 2. 刷素水泥浆基层处理 3. 10厚干混抹灰水泥砂浆DP M10找平压光	m^2
2	011302001001	吊顶天棚	1. 矿棉板平顶,6 mm通丝吊杆 2. U50轻钢主龙骨中距900,T烤漆龙骨中距600 3. 15厚600×600矿棉装饰板	m^2
3	011302001002	吊顶天棚	1. 平顶,6 mm通丝吊杆 2. 装配式U50形轻钢龙骨450×450 3. 螺固9.5厚普通纸面石膏板面层 4. 满刮腻子三遍 5. 刷白色乳胶漆二遍	m^2
4	011302001003	吊顶天棚	1. 铝扣板平顶,6 mm通丝吊杆 2. U50轻钢主龙骨中距900,三角龙骨中距300 3. 300×300铝扣板集成安装	m^2
5	011302002001	格栅吊顶	1. U50轻钢主龙骨中距900,6 mm通丝吊杆 2. 40×100×100白色铝合金格栅顶	m^2
6	011304001001	灯带		m

具体分析如下:

(1)根据图纸提供的做法表,以及图集常规做法,依据清单规范要求描述每一个分项工程的项目特征。

(2)各房间天棚的基层抹灰(包括培训室顶面中央"顶喷三遍黑色乳胶漆"的基层),按N.1天棚抹灰列项。

(3)顶喷三遍黑色乳胶漆,通过查找做法表,基层属于天棚抹灰,黑色乳胶漆不在本分部,需要在"附录P油漆、涂料、裱糊工程"中确定。

(4)矿棉板装饰板吊顶、300×300铝扣板集成吊顶(轻钢龙骨金属板吊顶)、纸面石膏板吊顶,均按N.2中吊顶天棚列项。

(5)铝合金格栅吊顶按N.2中格栅吊顶列项。

(6)泛光灯槽按N.4中灯带(槽)列项。

【拓展学习】

1. 随着时代的进步、科技的发展，大量的环境改善设施被应用到住宅中，如空调系统、通风系统等。请结合专业，谈谈由于时代的进步带来的居住舒适度的提高。

2. 通过实践调研、信息检索，了解新型天棚装饰材料，思考如何编制新型天棚装饰的清单项目。

【技能训练】

一、基础技能

【多选题】《计算规范》中 N.2 天棚吊顶包含(　　)。

A. 格栅吊顶　　B. 天棚抹灰　　C. 吊顶天棚

D 吊筒吊顶　　E. 装饰网架吊顶

二、提高技能

依据实际建筑装饰施工图纸，列出天棚装饰类型的清单项目。

【学后反思】

梳理本任务知识技能体系，构建知识图谱，参照附录1综合评价表完成自我评价，并完成一份学后反思总结。

任务 4.2　天棚抹灰工程清单项目编制

【任务描述】

依据“老人之家”项目图纸，编制天棚抹灰工程工程量清单。

【学习目标】

1. 理解天棚抹灰的工程量计算规则内涵，提高使用规范的学习能力。
2. 会计算天棚抹灰工程的清单工程量，能编制清单项目。
3. 培养严谨细致的工作态度及规范意识。

【思政要点】

1. 采用思维导图梳理工程量计算规则，培养学生积极主动用新方法学习新知识、新技能的兴趣和习惯。

2. 培养学生的规范意识，做遵守法律法规、遵守职业道德、遵守校规校纪、遵守社会公德的好公民。

【任务分析】

1. 天棚抹灰工程清单项目编制

(1)依据《计算规范》中表 N.1,梳理天棚抹灰工程量计算规则要点。

(2)结合任务 4.1 列出的天棚抹灰清单项目,根据“老人之家”功能分割尺寸图、“老人之家”天花材质图、“老人之家”天花尺寸图,确定相应的天棚抹灰部位尺寸。

(3)按工程量计算规则要求计算“老人之家”项目的天棚抹灰清单工程量,并完成清单项目的编制。

2. 难点

天棚抹灰工程量计算规则中不扣除部分的确定。

【知识资源】

参照《计算规范》中表 N.1 解析天棚抹灰工程清单工程量计算规则。

4.2.1 术语

(1)间壁墙:指在地面面层做好后再进行施工的墙体。一般指厚度≤120 mm 的墙。

(2)垛:墙垛是指在平面中凸出墙面的柱状构造,主要起加强墙体稳定性的作用,同时可作局部承重构件,如门洞侧边的门垛构造。分为单面墙垛和双面墙垛。

(3)附墙烟囱:单独立在室外,与其他建筑不相连的称为独立烟囱,与其他建筑的墙体在一起的称为附墙烟囱。

(4)板式楼梯:是指由梯段板承受该梯段的全部荷载,并将荷载传递至两端的平台梁上的现浇钢筋混凝土楼梯。

(5)锯齿形楼梯:楼梯底面呈阶梯状的楼梯。

4.2.2 天棚抹灰清单工程量计算思维导图

天棚抹灰清单工程量计算思维导图如图 4-1 所示。

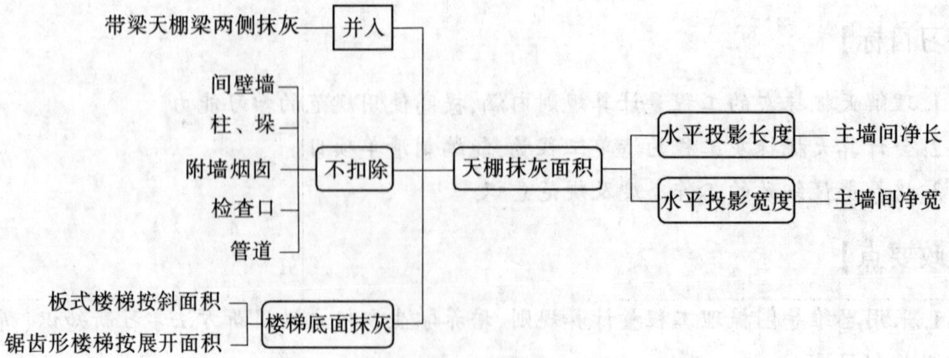

图 4-1 天棚抹灰清单工程量计算思维导图

4.2.3　天棚抹灰工程清单工程量计算公式

$$S = \text{设计图示尺寸水平投影面积} = \text{水平投影长度} \times \text{水平投影宽度} = L_{\text{水平投影}} \times B_{\text{水平投影}} \tag{4-1}$$

$$L_{\text{水平投影}} = \text{墙间净长}$$
$$B_{\text{水平投影}} = \text{墙间净宽}$$

注：

不扣除：间壁墙、垛、柱、附墙烟囱、检查口和管道所占的面积。

并入：带梁天棚的梁两侧抹灰面积。

板式楼梯底面：按斜面积计算。

锯齿形楼梯底面：按展开面积计算。

【任务解析】

1. 识读“老人之家”项目天花尺寸图及构造做法一览表，结合任务4.1列出的天棚抹灰清单项目，确定天棚抹灰部位的相关尺寸，见表4-4。

表4-4　天棚抹灰部位表

编号	房间	部位	水平投影长/m	水平投影宽/m	扣除面积/m^2	并入面积/m^2
1	所有房间	顶面	42.28−0.24	8.86−0.24	多算部分	0

2. 根据天棚抹灰工程量计算规则，计算天棚抹灰的清单工程量。

$$S_{\text{天棚抹灰}} = (42.28-0.24)\times(8.86-0.24)-(0.14-0.12+0.24)\times5.94-(0.18-0.12+0.24)\times(3.48+0.12+2.16+0.12+2.8) = 358.24(m^2)$$

扣除面积为按照水平投影长和水平投影宽计算时多算部分(凹进去部分)。

3. 根据《计算规范》编制天棚抹灰工程清单项目，见表4-5。

表4-5　分部分项工程和单价措施清单与计价表

序号	项目编码	项目名称	项目特征描述	计量单位	工程量	金额/元		
						综合单价	合价	其中 暂估价
1	011301001001	天棚抹灰	1. 基层类型：混凝土 2. 刷素水泥浆基层处理 3. 10 mm厚干混抹灰水泥砂浆DP M10找平压光	m^2	358.24			

【拓展学习】

1. 请结合专业知识，谈谈传统建造方式下和装配式建造方式下的抹灰施工工艺。

2. 了解常见抹灰工程所用的材料及相应的价格。

3. 结合专业工程量计算软件,用软件计算天棚抹灰工程量,提高理论分析计算能力,提升职业技能水平。

【技能训练】

一、基础技能

1.【单选题】《房屋建筑与装饰工程工程量计算规范》(GB 50854—2013)中规定,天棚抹灰清单工程量应(　　)。

A. 按主墙轴线间面积计算　　B. 按主墙间的净面积计算

C. 扣除柱所占的面积　　D. 按主墙外围面积计算

2.【单选题】 板式楼梯底面抹灰按(　　)计算。

A. 斜面积　　B. 水平面积　　C. 展开面积　　D. 投影面积

3.【多选题】《房屋建筑与装饰工程工程量计算规范》(GB 50854—2013)中规定,天棚抹灰清单工程量按设计图示尺寸以水平投影面积计算。不扣除(　　)所占的面积。

A. 间壁墙　　B. 柱　　C. 管道　　D. 0.5 m^2 以上洞口　　E. 门窗洞口侧壁

二、提高技能

1. 编制如图 4-2 所示的天棚抹灰工程的清单项目。已知天棚采用 7 厚 1:1:4水泥石灰砂浆、5 厚 1:0.5:3水泥石灰砂浆抹灰。屋面板为现浇、板厚为 100,且有一根与天棚相连的单梁(断面为 300×600、梁顶标高与板顶标高一致)。

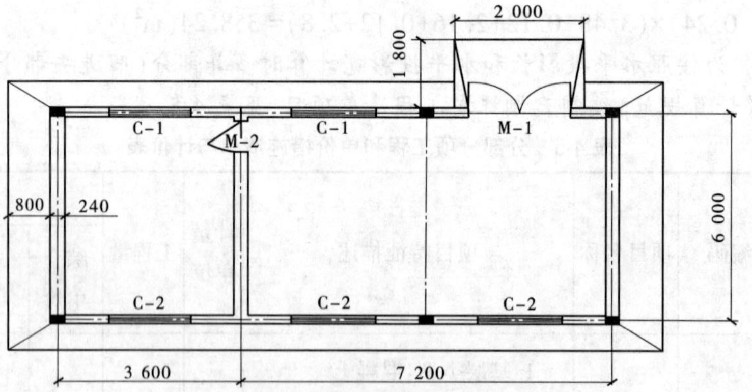

图 4-2　某房屋平面示意图

2. 依据实际建筑装饰施工图纸,编制相应的天棚抹灰工程工程量清单。

【学后反思】

梳理本任务知识技能体系,构建知识图谱,参照附录 1 综合评价表完成自我评价,并完成一份学后反思总结。

任务4.3　天棚抹灰工程清单项目综合单价的确定

【任务描述】

依据“老人之家”项目图纸，确定天棚抹灰工程清单项目的综合单价并计算相应费用。

【学习目标】

1. 提取天棚抹灰工程综合单价的影响因素，培养在原有知识体系的基础上建构新知识技能的能力。

2. 会确定天棚抹灰工程清单项目的综合单价，依据规范提供的表格格式，会填写综合单价分析表。

3. 提升应用理论解决工程实际问题的方法途径，增强爱岗敬业的劳动态度。

【思政要点】

1. 引导学生养成科学的学习方法。

2. 培养学生的实践调查能力，提高学生紧跟市场行业发展、精益求精的职业能力。

【任务分析】

1. 天棚抹灰工程清单项目综合单价组成

(1)分析“老人之家”项目天棚抹灰项目清单的项目特征，依据地区预算定额，确定其综合单价组价对应的定额子目。

(2)按照《计价规范》要求，填写综合单价分析表，编制相应的分部分项工程和单价措施清单与计价表，计算其费用。

2. 难点

(1)根据项目特征确定对应的综合单价组成。

(2)按规范要求填写综合单价分析表。

【知识资源】

4.3.1　天棚抹灰清单项目的工程内容分析

天棚抹灰工程的施工工艺：①天棚基层处理；②混凝土表面缺陷处理；③水泥棱打磨；④浇水清洗湿润；⑤涂刷界面剂；⑥表面棱角找直；⑦凹陷不平处水泥砂浆修补找平；⑧第一遍薄抹灰刮底；⑨打砂纸整修平整；⑩第二遍薄抹灰罩面。

《计算规范》中表N.1天棚抹灰工程清单项目编制中的工程内容为：①基层清理；②底层抹灰；③抹面层，包含了整个天棚抹灰施工工艺要点内容。

4.3.2 天棚抹灰清单项目的综合单价计算依据

本任务按照某省《预算定额》进行清单综合单价编制。该定额依据抹灰工程的施工工艺、不同的抹灰厚度、抹灰基层、装饰抹灰面层，分解为混凝土天棚一次抹灰、混凝土天棚砂浆每增减 1 mm 等定额子目，天棚抹灰清单项目的综合单价根据具体的工作内容由一个或者几个定额子目组价形成。

【任务解析】

1. 依据“老人之家”项目天棚抹灰清单的项目特征描述，对照某省《预算定额》，确定天棚抹灰工程清单项目的综合单价对应的定额子目，见表 4-6。

表 4-6 天棚抹灰工程清单项目与定额子目对应关系

项目编码	项目名称	项目特征描述	定额名称	定额子目	工作内容
011301001001	天棚抹灰	1. 基层类型：混凝土 2. 刷素水泥浆基层处理 3. 10 厚干混抹灰水泥砂浆 DP M10 找平压光	混凝土天棚一次抹灰（10 mm）	13-1	1. 清理修补基层表面、堵眼、调运砂浆、清扫落地灰 2. 抹灰找平、罩面及压光

2. 编制综合单价分析表（见表 4-7），并完成相应的分部分项工程和单价措施清单与计价表，见表 4-8。

表 4-7 综合单价分析表

项目编码	011301001001	项目名称	天棚抹灰	计量单位	m^2	工程量	358.24				
清单综合单价组成明细											
定额编号	定额名称	定额单位	数量	单价				合价			
				人工费	材料费	机械费	管理费和利润	人工费	材料费	机械费	管理费和利润
13-1	混凝土天棚一次抹灰（10 mm）	100 m^2	0.01	1 571.00	207.05	37.11	504.77	15.71	2.07	0.37	5.05
人工单价		小计						15.71	2.07	0.37	5.05
元/工日		未计价材料费						0			
清单项目综合单价								23.20			

表 4-8 分部分项工程和单价措施清单与计价表

序号	项目编码	项目名称	项目特征描述	计量单位	工程量	金额/元		
						综合单价	合价	其中 暂估价
1	011301001001	天棚抹灰	1. 基层类型:混凝土 2. 刷素水泥浆基层处理 3. 10 厚干混抹灰水泥砂浆 DP M10 找平压光	m^2	358.24	23.20	8 311.17	

【拓展学习】

1. 调查不同基层天棚抹灰工艺价格及智能机器人抹灰的市场价格。

2. 结合专业造价软件,用软件查询市场价格,编制天棚抹灰清单项目综合单价,提升职业技能水平。

【技能训练】

1. 编制如图 4-2 所示的天棚抹灰工程的清单项目综合单价分析表,并完成报价。已知:天棚采用 7 厚 1:1:4水泥石灰砂浆、5 厚 1:0.5:3水泥石灰砂浆抹灰。屋面板为现浇板,板厚为 100 mm,且有一根与天棚相连的单梁(断面为 300 mm×600 mm、梁顶标高与板顶标高一致)。

2. 依据实际建筑装饰施工图纸,编制相应的天棚抹灰工程清单项目的综合单价分析表,并完成报价。

【学后反思】

梳理本任务知识技能体系,构建知识图谱,参照附录 1 综合评价表完成自我评价,并完成一份学后反思总结。

任务 4.4 天棚吊顶工程清单项目编制

【任务描述】

依据"老人之家"项目图纸,编制天棚吊顶工程工程量清单。

【学习目标】

1. 理解天棚吊顶的工程量计算规则内涵,提高使用规范的学习能力。

2. 会计算天棚吊顶工程的清单工程量,能编制清单项目。

3. 会应用规范解决工程实际问题。

【思政要点】

1. 会采用思维导图梳理天棚吊顶工程的工程量计算规则,培养利用科学思维方式梳理建构知识的习惯。

2. 培养学生的规范意识,做遵守法律法规、遵守职业道德、遵守校规校纪、遵守社会公德的好公民。

3. 倡导学生养成装饰节俭、避免奢华浪费,追求简洁美、人文环境和谐的素养。

【任务分析】

1. 天棚吊顶工程清单项目编制

(1)依据《计算规范》附录 N.2,梳理天棚吊顶工程量计算规则要点,尤其是如何确定水平投影面积以及扣除部分、不扣除部分和不展开部分。

(2)结合任务 4.1 列出的天棚吊顶清单项目,根据“老人之家”功能分割尺寸图、“老人之家”天花材质图、“老人之家”天花尺寸图,确定相应的天棚吊顶部位的尺寸。

(3)按工程量计算规则计算“老人之家”项目天棚吊顶清单工程量,并完成清单项目的编制。

2. 难点

天棚吊顶工程量计算规则中扣除部分、不扣除部分及展开部分的确定。

【知识资源】

4.4.1 天棚吊顶清单项目

参照《计算规范》表 N.2 解析天棚吊顶工程清单工程量计算规则。

4.4.1.1 术语

(1)灯槽:灯槽是隐藏灯具、改变灯光方向的凹槽。

(2)跌级:天棚不在同一平面上,标高低的相对于标高高的那一级称作跌级。

(3)藻井:建筑内呈穹窿状的天花称作藻井,这种天花的每一方格为一井,又饰以花纹、雕刻、彩画,故名藻井。

(4)独立柱:四周不与墙体相连的柱子。

4.4.1.2 吊顶天棚清单工程量计算思维导图

吊顶天棚清单工程量计算思维导图如图 4-3 所示。

4.4.1.3 吊顶天棚工程清单工程量计算公式

$$S = 设计图示尺寸水平投影面积 = 水平投影长度 \times 水平投影宽度 = L_{水平投影} \times B_{水平投影} \tag{4-2}$$

式中

$L_{水平投影}$ = 墙间净长

$B_{水平投影}$ = 墙间净宽

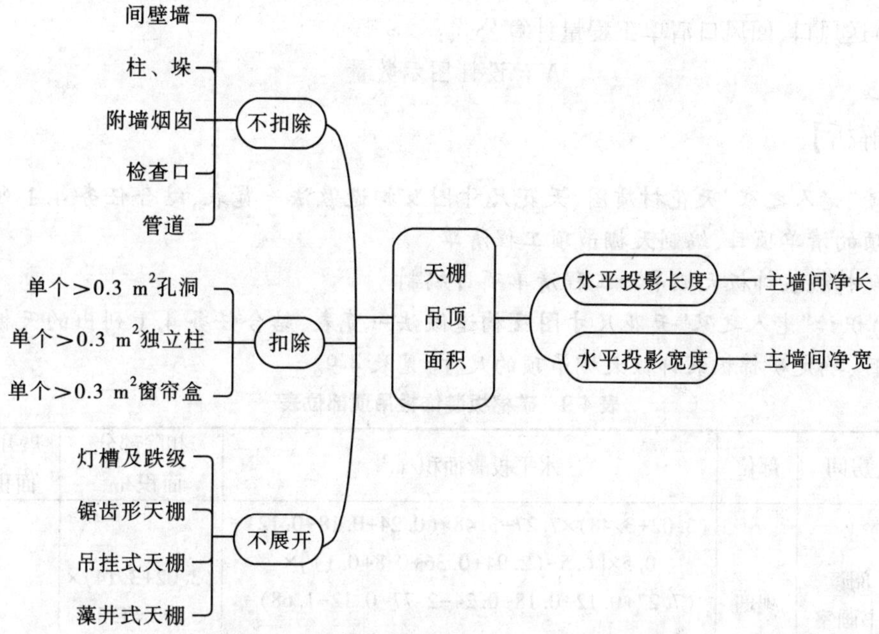

图4-3 吊顶天棚清单工程量计算思维导图

注：

不扣除：间壁墙、检查口、附墙烟囱、柱、垛和管道所占面积。

扣除：单个>0.3 m^2 的孔洞、独立柱及与天棚相连的窗帘盒所占面积。

天棚中的灯槽、跌级(跌落)、锯齿形(折线)、吊挂式、藻井式天棚等面积不展开计算。

4.4.1.4 格栅吊顶、吊筒吊顶、藤条造型悬挂吊顶、织物软雕悬挂吊顶、装饰网架吊顶清单工程量计算公式

$$S = \text{设计图示尺寸水平投影面积} = \text{水平投影长度} \times \text{水平投影宽度} = L_{\text{水平投影}} \times B_{\text{水平投影}} \tag{4-3}$$

式中

$$L_{\text{水平投影}} = \text{墙间净长}$$
$$B_{\text{水平投影}} = \text{墙间净宽}$$

4.4.2 采光天棚清单项目

参照《计算规范》表N.3解析采光天棚清单工程量计算规则。

采光天棚骨架另按《计算规范》附录F“金属结构工程”中相关项目编码列项。

采光天棚工程量计算规则：

$$S_{\text{采光天棚}} = \text{框外围展开面积} \tag{4-4}$$

4.4.3 天棚其他装饰清单项目

参照《计算规范》表N.4解析天棚其他装饰清单工程量计算规则。

(1)灯带(槽)清单工程量计算公式：

$$S_{灯带(槽)} = \text{设计图示框外围面积} \quad (4\text{-}5)$$

(2)送风口、回风口清单工程量计算公式：

$$N = \text{设计图示数量} \quad (4\text{-}6)$$

【任务解析】

识读“老人之家”天花材质图、天花尺寸图及构造做法一览表，结合任务4.1列出的天棚吊顶的清单项目，编制天棚吊顶工程清单。

1. 矿棉板装饰板天棚吊顶工程清单项目编制

(1)识读“老人之家”天花尺寸图及构造做法一览表，结合任务4.1列出的天棚吊顶清单项目，确定矿棉板装饰板天棚吊顶的尺寸，见表4-9。

表4-9 矿棉板装饰板吊顶部位表

编号	房间	部位	水平投影面积/m^2	扣除部分面积/m^2	展开部分面积/m^2
1	阅读书画室	顶面	$(3.02+3.48)\times7.27-3.48\times(0.24+0.18-0.12)-0.5\times[6.5-(2.94+0.36+0.8+0.1)]\times(7.27+0.12-0.18-0.24-2.77-0.12-1.68)-(\frac{1}{4}\pi\times2.34\times2.34-0.5\times2.34\times2.34)=41.8905$	$(3.02+3.14)\times0.2=1.3$	0
2	娱乐室	顶面	$7.36\times7.25=53.36$	$7.36\times0.2=1.472$	0
3	棋牌室	顶面	$3.99\times4.33=17.2767\approx17.277$	0	0

(2)根据天棚吊顶工程量计算规则，计算相应部位的天棚吊顶清单工程量。

$$S_{阅读书画室} = 41.8905 - 1.3 = 40.591(m^2)$$

$$S_{娱乐室} = 53.36 - 1.472 = 51.888(m^2)$$

$$S_{棋牌室} = 17.277\ m^2$$

$$S_{矿棉板装饰板吊顶} = 109.76\ m^2$$

(3)根据《计算规范》编制矿棉板装饰板天棚吊顶工程清单分项工程，见表4-10。

表4-10 分部分项工程和单价措施清单与计价表

序号	项目编码	项目名称	项目特征描述	计量单位	工程量	金额/元 综合单价	金额/元 合价	金额/元 其中 暂估价
1	011302001001	矿棉板装饰板吊顶	1. 矿棉板平顶，6 mm通丝吊杆 2. U50轻钢主龙骨中距900，T烤漆龙骨中距600 3. 15厚600×600矿棉装饰板	m^2	109.76			

2. 纸面石膏板吊顶工程清单项目编制

(1)识读“老人之家”天花尺寸图及构造做法一览表,结合任务 4.1 列出的纸面石膏板吊顶的清单项目,确定纸面石膏板吊顶的尺寸,见表 4-11。

表 4-11　纸面石膏板吊顶部位表

编号	房间	部位	水平投影面积/m^2	扣除部分面积/m^2	展开部分面积/m^2
1	培训室	顶面	四周部分:$14.73\times7.27-(14.73-0.58-1.37)\times(7.27-0.6-0.8)-(1.78-0.58)\times(2.3-0.8)=33.8685$	$14.73\times0.2=2.946$	0
2	洗手区	顶面	$1.68\times(2.16+0.12+2.8)=8.534$	0	0
3	门厅	顶面	$1.3\times3.44=4.472$	0	0
4	走廊	顶面	$(42.28-0.24)\times1.25=52.55$	0	0
5	前厅(不包含走廊重合部分)	顶面	$(5.32-0.12)\times(3.63-1.25)+2.18\times0.12+0.5\times2.18\times(3.63-1.25)+(\frac{1}{4}\pi\times2.22\times2.22-0.5\times2.22\times2.22)=16.636$	0	0

(2)根据天棚吊顶工程计算规则,计算相应部位的天棚吊顶清单工程量。

$$S_{培训室(四周)} = 33.8685 - 2.946 = 30.923(m^2)$$

$$S_{洗手区} = 8.534\ m^2$$

$$S_{门厅} = 4.472\ m^2$$

$$S_{走廊} = 52.55\ m^2$$

$$S_{前厅} = 16.636\ m^2$$

$$S_{纸面石膏板吊顶} = 113.12\ m^2$$

(3)根据《计算规范》编制纸面石膏板吊顶工程清单分项工程,见表 4-12。

表 4-12　分部分项工程和单价措施清单与计价表

序号	项目编码	项目名称	项目特征描述	计量单位	工程量	金额/元 综合单价	金额/元 合价	金额/元 其中 暂估价
1	011302001002	纸面石膏板吊顶	1. 平顶,6 mm 通丝吊杆 2. 装配式 U50 形轻钢龙骨 450×450 3. 螺固 9.5 厚普通纸面石膏板面层 4. 满刮腻子三遍 5. 刷白色乳胶漆二遍	m^2	113.12			

3. 铝扣板集成吊顶工程清单项目编制

(1)识读“老人之家”天花尺寸图及构造做法一览表，结合任务4.1列出的天棚吊顶的清单项目，确定铝扣板集成吊顶的尺寸，见表4-13。

表4-13 铝扣板集成吊顶部位表

编号	房间	部位	水平投影面积/m^2	扣除部分面积/m^2	展开部分面积/m^2
1	女卫生间	顶面	2.77×2.16=5.983	0	0
2	男卫生间	顶面	2.77×2.80=7.756	0	0

(2)根据天棚吊顶工程计算规则，计算相应部位的天棚吊顶清单工程量。

$$S_{女卫生间} = 5.983\ m^2$$

$$S_{男卫生间} = 7.756\ m^2$$

$$S_{铝扣板集成吊顶} = 13.74\ m^2$$

(3)根据《计算规范》编制铝扣板集成吊顶工程清单分项工程，见表4-14。

表4-14 分部分项工程和单价措施清单与计价表

序号	项目编码	项目名称	项目特征描述	计量单位	工程量	金额/元		
						综合单价	合价	其中 暂估价
1	011302001003	铝扣板集成吊顶	1. 铝扣板平顶，6 mm 通丝吊杆 2. U50 轻钢主龙骨中距 900，三角龙骨中距 300 3. 300×300 铝扣板集成安装	m^2	13.74			

4. 铝合金格栅吊顶工程清单项目编制

(1)识读“老人之家”天花尺寸图及构造做法一览表，结合任务4.1列出的天棚吊顶的清单项目，确定铝合金格栅吊顶的尺寸，见表4-15。

表4-15 铝合金格栅吊顶部位表

编号	房间	部位	水平投影面积/m^2	扣除部分面积/m^2	展开部分面积/m^2
1	培训室	顶面	中央部分：(14.73−0.58−1.37)×(7.27−0.6−0.8)−(1.78−0.58)×(2.3−0.8)=73.218 6	14.73×0.2=2.946	0
2	活动室	顶面	(8.01−0.12)×2.88+3.44×(5.95+0.12−0.14−0.24−2.88)+(0.24+0.14−0.12)×(2.07−0.12)=32.896 6	(5.94+2.07−0.12)×0.2=1.578	0.16×2

(2)根据天棚吊顶工程计算规则，计算相应部位的天棚吊顶清单工程量。

$$S_{培训室(中央)} = 73.218\,6 - 2.946 = 70.273(m^2)$$

$$S_{活动室} = 32.896\,6 - 1.578 + 0.16 \times 2 = 31.638\,6(m^2)$$

$$S_{铝合金格栅吊顶} = 101.91\ m^2$$

(3)根据《计算规范》编制铝合金格栅吊顶工程清单分项工程,见表 4-16。

表 4-16　分部分项工程和单价措施清单与计价表

序号	项目编码	项目名称	项目特征描述	计量单位	工程量	金额/元		
						综合单价	合价	其中 暂估价
1	011302002001	格栅吊顶	1. U50 轻钢主龙骨中距 900,6 mm 通丝吊杆 2. 40×100×100 白色铝合金格栅顶	m^2	101.91			

【拓展学习】

1. 随着装配式建筑新技术的兴起,建筑建造的施工工艺也在发生着革命性的变革,结合专业知识,谈谈传统建造方式下的吊顶施工工艺和装配式建造方式下的吊顶施工工艺的异同。

2. 通过信息检索、市场调研等方式,了解常见吊顶材料及相应的价格。

3. 结合专业工程量计算软件,用软件计算天棚吊顶工程量,提高理论分析计算能力,提升职业技能水平。

【技能训练】

一、基础技能

1.【单选题】　天棚吊顶清单工程量应扣除面积大于 0.3 m^2 的(　　)所占面积。

A. 独立柱　　B. 附墙柱　　C. 检查口　　D. 间壁墙

2.【单选题】　根据《房屋建筑与装饰工程工程量计算规范》(GB 50854—2013)有关规定,天棚面层工程量清单计算中,下面说法正确的是(　　)。

A. 天棚面层中的灯槽、跌级展开增加的面积另行计算并入天棚

B. 扣除间壁墙所占的面积

C. 天棚检查孔、灯槽必须单独列项计算

D. 天棚面层中的灯槽、跌级展开增加的面积不另计算

3.【多选题】　根据《房屋建筑与装饰工程工程量计算规范》(GB 50854—2013)有关规定,下列(　　)项目的清单工程量计算不扣除间壁墙所占面积。

A. 天棚吊顶　　B. 石材楼地面　　C. 竹木地板

D. 天棚抹灰　　E. 现浇水磨石楼地面

二、提高技能

1. 某工程天棚的装饰工程如图 4-4 所示,房间外墙厚度 240 mm,中到中尺寸为

12 000 mm ×18 000 mm ,800 mm× 800 mm 独立柱4根,吊顶高度3 600 mm(窗帘盒占位面积7 m^2),天棚轻钢龙骨石膏板面刮成品腻子面罩乳胶漆一底两面。试计算天棚吊顶清单工程量,并编制工程量清单。

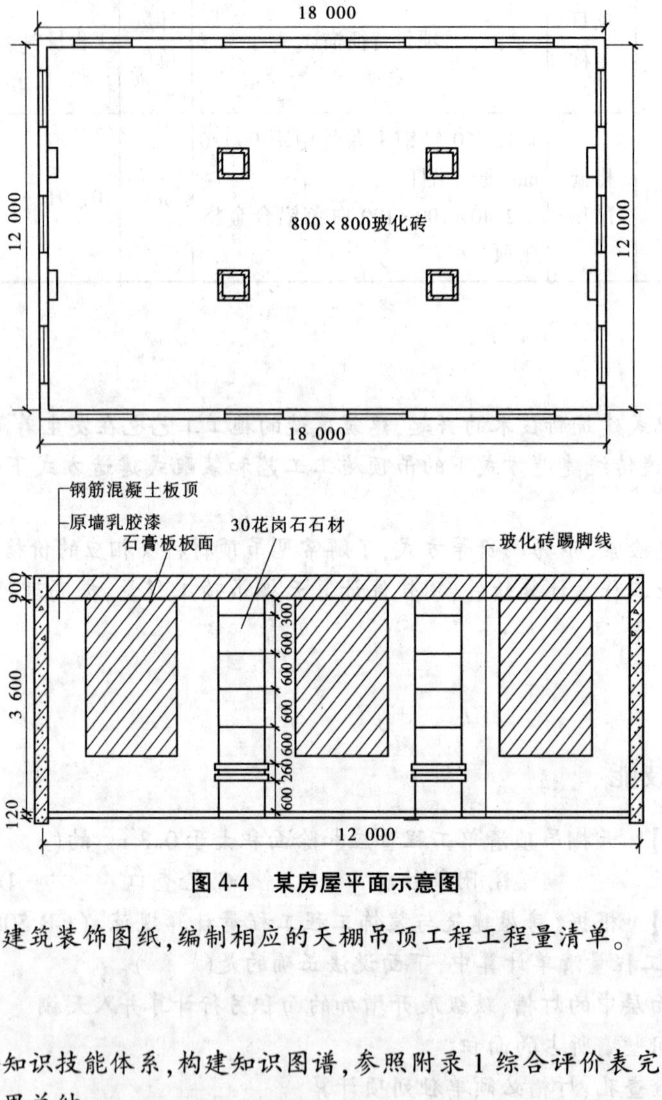

图4-4 某房屋平面示意图

2. 依据实际建筑装饰图纸,编制相应的天棚吊顶工程工程量清单。

【学后反思】

梳理本任务知识技能体系,构建知识图谱,参照附录1综合评价表完成自我评价,并完成一份学后反思总结。

任务4.5 天棚吊顶工程清单项目综合单价的确定

【任务描述】

依据“老人之家”项目图纸,确定天棚吊顶工程清单项目的综合单价并计算相应的费用。

【学习目标】

1. 培养在原有知识体系基础上建构新知识技能的能力。

2. 会确定天棚吊顶工程清单项目的综合单价,能准确填写综合单价分析表,提高实践应用的职业技能。

3. 掌握应用理论解决工程实际问题的方法和途径,增强爱岗敬业的劳动态度。

【思政要点】

1. 引导学生掌握科学的学习方法和途径。

2. 培养学生的实践调查能力,提高学生精益求精的职业能力。

【任务分析】

1. 天棚吊顶工程清单项目综合单价组成

(1)分析"老人之家"项目天棚吊顶项目清单的项目特征,依据地区预算定额,确定其综合单价组价对应的定额子目。

(2)按照《计价规范》要求,填写综合单价分析表,编制相应的分部分项工程和单价措施清单与计价表,计算其费用。

2. 难点

(1)根据项目特征确定对应的综合单价组成。

(2)按规范要求填写综合单价分析表。

【知识资源】

4.5.1　天棚吊顶清单项目的工程内容分析

天棚吊顶工程的施工工艺:①弹线;②固定吊筋;③安装主龙骨;④安装次龙骨;⑤安装基层;⑥面层。

《计价规范》中表 N. 2 天棚吊顶工程清单项目编制中的工程内容为:①基层清理、吊杆安装;②龙骨安装;③基层板铺贴;④面层铺贴;⑤嵌缝;⑥刷防护材料,包含了整个天棚吊顶施工工艺要点内容。

4.5.2　天棚吊顶工程清单项目的综合单价计算依据

本任务按照现行某省《预算定额》进行清单综合单价编制。该预算定额依据天棚吊顶工程的施工工艺、不同天棚龙骨、天棚基层、天棚面层,分解为不同的定额子目,天棚吊顶工程清单项目的综合单价根据具体的工作内容由一个或者几个定额子目组价形成。

【任务解析】

1. 矿棉板装饰板吊顶工程清单项目综合单价编制

(1)依据"老人之家"矿棉板装饰板吊顶清单的项目特征描述,对照某省《预算定额》,从中选择确定完成矿棉板装饰板吊顶工程清单项目的综合单价计算所对应的定额子目,见表4-17。

表4-17　矿棉板装饰板吊顶清单项目与定额子目对应关系

项目编码	项目名称	项目特征描述	定额名称	定额子目	工作内容
011302001001	矿棉板装饰板吊顶	1. 矿棉板平顶,6 mm 通丝吊杆 2. U50 轻钢主龙骨中距 900,T 烤漆龙骨中距 600 3. 15 厚 600×600 矿棉装饰板	装配式 U 形轻钢天棚龙骨(不上人型)(>600×600)	13-34	1. 吊件加工、安装 2. 定位、画线、射钉 3. 选料、下料,定位杆控制高度、平整、安装龙骨及吊配附件、孔洞预留等 4. 临时加固、调整、校正 5. 灯箱风口封边、龙骨设置 6. 预留位置、整体调整
			矿棉板天棚(搁放在龙骨上)	13-98	安装天棚面层

(2)编制综合单价分析表,并完成相应的分部分项工程和单价措施清单与计价表,见表4-18、表4-19。

表4-18　综合单价分析表

项目编码	011302001001	项目名称	矿棉板装饰板吊顶	计量单位	m^2	工程量	109.76

清单综合单价组成明细

定额编号	定额名称	定额单位	数量	单价				合价			
				人工费	材料费	机械费	管理费和利润	人工费	材料费	机械费	管理费和利润
13-32	装配式 U 形轻钢天棚龙骨(不上人型)规格>600 mm×600 mm 平面	100 m^2	0.01	1 799.72	2 319.891	239.18	567.75	18.00	23.20	2.39	5.68
13-98	矿棉板天棚面层	100 m^2	0.01	945.14	4 725.00	0	298.28	9.45	47.25	0	2.98
人工单价		小计						27.45	70.45	2.39	8.66
元/工日		未计价材料费						0			
清单项目综合单价								108.95			

表 4-19 分部分项工程和单价措施清单与计价表

序号	项目编码	项目名称	项目特征描述	计量单位	工程量	金额/元		
						综合单价	合价	其中
								暂估价
1	011302001001	矿棉板装饰板吊顶	1. 矿棉板平顶,6 mm 通丝吊杆 2. U50 轻钢主龙骨中距 900,T 烤漆龙骨中距 600 3. 15 厚 600×600 矿棉装饰板	m^2	109.76	108.95	11 958.35	

2. 纸面石膏板吊顶工程清单项目综合单价编制

(1)依据“老人之家”纸面石膏板吊顶清单的项目特征描述,对照某省《预算定额》,从中选择确定完成纸面石膏板吊顶工程清单项目的综合单价计算所对应的定额子目,见表 4-20。

表 4-20 纸面石膏板吊顶清单项目与定额子目对应关系

项目编码	项目名称	项目特征描述	定额名称	定额子目	工作内容
011302001002	纸面石膏板吊顶	1. 平顶,6 mm 通丝吊杆 2. 装配式 U50 形轻钢龙骨 450×450 3. 螺固 9.5 厚普通纸面石膏板面层	装配式 U 形轻钢天棚龙骨(不上人型) 规格 450 mm×450 mm 平面	13-30	1. 吊件加工、安装 2. 定位、画线、射钉 3. 选料、下料,确定定位杆控制高度、平整、安装龙骨及吊配附件、孔洞预留等 4. 临时加固、调整、校正 5. 灯箱风口封边、龙骨设置 6. 预留位置、整体调整
			石膏板天棚面层 安在 U 形轻钢龙骨上	13-101	安装天棚面层

(2)编制综合单价分析表,并完成相应的分部分项工程和单价措施清单与计价表,见表 4-21、表 4-22。

表 4-21　综合单价分析表

<table>
<tr><td>项目编码</td><td colspan="2">011302001002</td><td>项目名称</td><td colspan="3">纸面石膏板吊顶</td><td>计量单位</td><td>m^2</td><td>工程量</td><td colspan="2">113.12</td></tr>
<tr><td colspan="12">清单综合单价组成明细</td></tr>
<tr><td rowspan="2">定额编号</td><td rowspan="2">定额名称</td><td rowspan="2">定额单位</td><td rowspan="2">数量</td><td colspan="4">单价</td><td colspan="4">合价</td></tr>
<tr><td>人工费</td><td>材料费</td><td>机械费</td><td>管理费和利润</td><td>人工费</td><td>材料费</td><td>机械费</td><td>管理费和利润</td></tr>
<tr><td>13-30</td><td>装配式 U 形轻钢天棚龙骨(不上人型)规格 450 mm×450 mm 平面</td><td>100 m^2</td><td>0.01</td><td>1 987.87</td><td>2 818.16</td><td>264.25</td><td>626.82</td><td>19.88</td><td>28.18</td><td>2.64</td><td>6.27</td></tr>
<tr><td>13-101</td><td>石膏板天棚面层 安在 U 形轻钢龙骨上</td><td>100 m^2</td><td>0.01</td><td>1 290.87</td><td>1 495.19</td><td>0</td><td>407.14</td><td>12.91</td><td>14.95</td><td>0</td><td>4.07</td></tr>
<tr><td colspan="2">人工单价</td><td colspan="6">小计</td><td>32.79</td><td>43.13</td><td>2.64</td><td>10.34</td></tr>
<tr><td colspan="2">元/工日</td><td colspan="6">未计价材料费</td><td colspan="4">0</td></tr>
<tr><td colspan="8">清单项目综合单价</td><td colspan="4">88.90</td></tr>
</table>

注意:(1)纸面石膏板吊顶做法中“满刮腻子三遍”及“刷白色乳胶漆二遍”,在任务6.3 中计算。

(2)天棚吊顶的基层和面层均按设计图示尺寸以展开面积计算,石膏板天棚的定额工程量为:113.12+37.3×0.1=116.85(m^2)。表 4-21 中 13-101 定额对应的数量应为 116.85/113.12×100=0.010 33≈0.01。

表 4-22　分部分项工程和单价措施清单与计价表

<table>
<tr><td rowspan="3">序号</td><td rowspan="3">项目编码</td><td rowspan="3">项目名称</td><td rowspan="3">项目特征描述</td><td rowspan="3">计量单位</td><td rowspan="3">工程量</td><td colspan="3">金额/元</td></tr>
<tr><td rowspan="2">综合单价</td><td rowspan="2">合价</td><td>其中</td></tr>
<tr><td>暂估价</td></tr>
<tr><td>1</td><td>011302001002</td><td>纸面石膏板吊顶</td><td>1. 平顶,6 mm 通丝吊杆
2. 装配式 U50 形轻钢龙骨 450×450
3. 螺固 9.5 厚普通纸面石膏板面层
4. 满刮腻子三遍
5. 刷白色乳胶漆二遍</td><td>m^2</td><td>113.12</td><td>88.90</td><td>10 056.37</td><td></td></tr>
</table>

3. 铝扣板集成吊顶工程清单项目综合单价编制

(1)依据“老人之家”铝扣板集成吊顶清单的项目特征描述，依据各分项工程的项目特征描述，对照某省《预算定额》，从中选择确定完成铝扣板集成吊顶工程清单项目的综合单价计算所对应的定额子目，见表4-23。

表4-23 铝扣板集成吊顶清单项目与定额子目对应关系

项目编码	项目名称	项目特征描述	定额名称	定额子目	工作内容
011302001003	铝扣板集成吊顶	1. 铝扣板平顶，6 mm通丝吊杆 2. U50轻钢主龙骨中距900，三角龙骨中距300 3. 300×300铝扣板集成安装	装配式U形轻钢天棚龙骨（不上人型）规格>600 mm×600 mm平面	13-34	1. 吊件加工、安装 2. 定位、画线、射钉 3. 选料、下料定位杆控制高度、平整、安装龙骨及吊配附件、孔洞预留等 4. 临时加固、调整、校正 5. 灯箱风口封边、龙骨设置 6. 预留位置、整体调整
			方形铝扣板300×300	13-132	安装天棚面层

(2)编制综合单价分析表，并完成相应的分部分项工程和单价措施清单与计价表，见表4-24、表4-25。

表4-24 综合单价分析表

项目编码	011302001003	项目名称	铝扣板集成吊顶	计量单位	m^2	工程量	13.74

清单综合单价组成明细

定额编号	定额名称	定额单位	数量	单价				合价			
				人工费	材料费	机械费	管理费和利润	人工费	材料费	机械费	管理费和利润
13-34	装配式U形轻钢天棚龙骨（不上人型）规格>600 mm×600 mm平面	100 m^2	0.01	1 703.85	2 092.21	226.47	537.49	17.04	20.92	2.26	5.37
13-132	方形铝扣板300×300	100 m^2	0.01	1 417.36	7 350.00	0	447.17	14.17	73.50	0	4.47
人工单价		小计						31.21	94.42	2.26	9.84
元/工日		未计价材料费						0			
清单项目综合单价								137.73			

表 4-25 分部分项工程和单价措施清单与计价表

序号	项目编码	项目名称	项目特征描述	计量单位	工程量	金额/元		
						综合单价	合价	其中 暂估价
1	011302001003	铝扣板集成吊顶	1. 铝扣板平顶,6 mm 通丝吊杆 2. U50 轻钢主龙骨中距 900,三角龙骨中距 300 3. 300×300 铝扣板集成安装	m^2	13. 74	137. 73	1 892. 41	

4. 铝合金格栅吊顶工程清单项目综合单价编制

(1)依据“老人之家”铝合金格栅吊顶清单的项目特征描述,对照某省《预算定额》,从中选择确定完成铝合金格栅吊顶工程清单项目的综合单价计算所对应的定额子目,见表 4-26。

表 4-26 铝合金格栅吊顶清单项目与定额子目对应关系

项目编码	项目名称	项目特征描述	定额名称	定额子目	工作内容
011302002001	格栅吊顶	1. U50 轻钢主龙骨中距 900,6 mm 通丝吊杆 2. 40×100×100 白色铝合金格栅顶	铝合金格栅吊顶天棚铝格栅(包括吊配件)规格 125 mm×125 mm×4. 5 mm	13-217	1. 定位、画线、射钉膨胀螺栓及吊筋安装 2. 选料、下料、组装 3. 安装龙骨及吊配附件、临时加固支撑 4. 预留空洞、安装封边龙骨 5. 调整、校正

(2)编制综合单价分析表,并完成相应的分部分项工程和单价措施清单与计价表,见表 4-27、表 4-28。

表 4-27　综合单价分析表

项目编码	011302002001	项目名称		格栅吊顶			计量单位	m²		工程量	101.91
清单综合单价组成明细											
定额编号	定额名称	定额单位	数量	单价				合价			
				人工费	材料费	机械费	管理费和利润	人工费	材料费	机械费	管理费和利润
13-217	铝合金格栅吊顶天棚铝格栅（包括吊配件）规格 125 mm×125 mm×4.5 mm	100 m²	0.01	1 228.12	3 882.50	163.21	387.61	12.28	38.83	1.63	3.88
人工单价		小计						12.28	38.83	1.63	3.88
元/工日		未计价材料费						0			
清单项目综合单价								56.62			

表 4-28　分部分项工程和单价措施清单与计价表

序号	项目编码	项目名称	项目特征描述	计量单位	工程量	金额/元		
						综合单价	合价	其中
								暂估价
1	011302002001	格栅吊顶	1. U50 轻钢主龙骨中距 900，6 mm 通丝吊杆 2. 40×100×100 白色铝合金格栅顶	m²	101.91	56.62	5 770.14	

【拓展学习】

结合专业造价软件，用软件查询市场价格，编制天棚吊顶清单项目综合单价，提升职业技能水平。

【学后反思】

梳理本任务知识技能体系，构建知识图谱，参照附录 1 综合评价表完成自我评价，并完成一份学后反思总结。

【技能训练】

1. 编制如图 4-4 所示的天棚吊顶工程的清单项目综合单价分析表，并完成报价。已知某工程天棚的装饰工程如图 4-4 所示，房间外墙厚度 240，中到中尺寸为 12 000×18 000，800×800 独立柱 4 根，吊顶高度 3 600（窗帘盒占位面积 7 m²），天棚轻钢龙骨石膏板面刮成品腻子面罩乳胶漆一底两面。

2. 依据实际建筑装饰施工图纸，编制相应的天棚吊顶工程清单项目的综合单价分析表，并完成报价。

项目5 门窗工程

任务5.1 门窗工程装饰项目类型

【任务描述】

依托“老人之家”项目,了解门窗装饰工程的发展变革及类型,并依据“老人之家”项目图纸,列出相应清单的项目编码、项目名称、项目特征、计量单位。

【学习目标】

1. 培养用专业和发展的眼光观察生活的能力。

2. 理解门窗工程各清单项目名称的具体含义,掌握门窗工程的装饰清单项目划分,提高查阅规范的学习能力。

3. 提高使用规范解决实际问题的能力。

4. 了解新型门窗装饰材料,增强对新材料、新技术、新工艺的认知。

【思政要点】

1. 增强建筑历史文化素养,提高职业荣誉感和民族自豪感,激发学习探索新知识及献身祖国建设的热情。

2. 增强规范和标准意识,提高职业素养。

【任务分析】

1. 门窗装饰工程的发展变革及类型

(1)通过实践调研,收集门窗装饰工程的信息,探究常见的门窗装饰类型,完成表5-1。

表5-1 房间部位门窗装饰表

编号	建筑处所	部位	门窗类型及装饰做法
1			
⋮			

(2)写一篇300字的综述。

2. 依据“老人之家”项目图纸,列出相应的门窗装饰类型清单的项目编码、项目名称、项目特征、计量单位。

(1)识读图纸,列出各门窗装饰项目的具体做法。

(2)查阅《计算规范》,理解各清单项目的工作内容。

(3)将"老人之家"项目图纸中的门窗装饰做法与《计算规范》中门窗装饰工程的清单项目匹配对应。

3. 难点

提取图纸中门窗装饰做法中关键的信息,与《计算规范》中的门窗工程清单项目对应。

【知识资源】

5.1.1 门窗装饰工程的发展变革

5.1.1.1 牖

在商周时代,门窗就已经存在了。门窗在古代被称为"牖",历史可以追溯到3 000多年前。人类最早居住的是洞穴,后来洞穴上出现了草盖,那便是人类史上最早出现的门了。那时门的形式主要是版门。这种门窗形式走过了几千年的历史长河,承载着华夏古老的历史文明。

5.1.1.2 木门窗

早期的木窗是木框和纸张结合,遮风挡雨的功能自然是不足。到了后期,出现了玻璃和木框的结合。

5.1.1.3 钢门窗

钢门窗于1911年传入中国,因为造价太高,而且密封性不足,已无法满足现代建筑节能保温要求,最终被铝合金门窗所取代。

5.1.1.4 铝合金门窗

铝合金门窗于20世纪80年代兴起,延续到现在依然备受欢迎。

5.1.1.5 塑钢门窗

20世纪90年代,普通塑钢门窗逐渐进入人们的视野。

5.1.1.6 现代门窗

随着新材料、新技术、新工艺的发展和建筑行业新业态的需要,当今迎来了断桥铝门窗、纯木、铝木及各种特色门窗并行发展的时代。

5.1.2 门清单项目划分

门装饰工程清单项目设置,应按《计算规范》中表H.1~表H.5的规定执行。

5.1.2.1 木门清单项目设置

木门清单项目设置应按《计算规范》表H.1的规定执行。

注意事项:

(1)木质门应区分镶板木门、企口木板门、实木装饰门、胶合板门、夹板装饰门、木纱门、全玻门(带木质扇框)、木质半玻门(带木质扇框)等项目,分别编码列项。

(2)木门五金应包括折页、插销、门碰珠、弓背拉手、搭机、木螺丝、弹簧折页(自动门)、管子拉手(自由门、地弹门)、地弹簧(地弹门)、角铁、门轧头(地弹门、自由门)等。

(3)木质门带套计量按洞口尺寸以面积计算,不包括门套的面积。

(4)以樘计量时,项目特征必须描述洞口尺寸;以平方米计量时,项目特征可不描述洞口尺寸。

(5)单独制作安装木门框按木门框项目编码列项。

5.1.2.2 金属门清单项目设置

金属门清单项目设置应按《计算规范》中表 H.2 的规定执行。

注意事项:

表 H.2 是关于金属门的清单项目,应用时须注意:

(1)金属门应区分金属平开门、金属推拉门、金属地弹门、全玻门(带金属扇框)、金属半玻门(带扇框)等项目, 分别编码列项。

(2)铝合金门五金包括地弹簧、门锁、拉手、门插、门铰、螺丝等。

(3)其他金属门五金包括 L 形执手插锁(双舌)、执手锁(单舌)、门轨头、地锁、防盗门机、门眼(猫眼)、门碰珠、电子锁(磁卡锁)、闭门器、装饰拉手等。

(4)以樘计量时,项目特征必须描述洞口尺寸;没有洞口尺寸必须描述门框或扇外围尺寸,以平方米计量,项目特征可不描述洞口尺寸及框、扇的外围尺寸。

(5)以平方米计量时,无设计图示洞口尺寸,按门框、扇外围以面积计算。

5.1.2.3 金属卷帘门清单项目设置

金属卷帘门清单项目设置应按《计算规范》中表 H.3 的规定执行。

注意事项:

以樘计量时,项目特征必须描述洞口尺寸;以平方米计量时,项目特征可不描述洞口尺寸。

5.1.2.4 厂库大门和特种门清单项目设置

厂库大门和特种门清单项目设置应按《计算规范》中表 H.4 的规定执行。

注意事项:

(1)特种门应区分冷藏门、冷冻间门、保温门、变电室门、隔音门、防射电门、人防门、金库门等项目,分别编码列项。

(2)以樘计量时,项目特征必须描述洞口尺寸;没有洞口尺寸必须描述门框或扇外围尺寸,以平方米计量,项目特征可不描述洞口尺寸及框、扇的外围尺寸。

(3)以平方米计量时,无设计图示洞口尺寸,按门框、扇外围以面积计算。

(4)门开启方式指推拉或平开。

5.1.2.5 其他门清单项目设置

其他门清单项目设置应按《计算规范》中表 H.5 的规定执行。

注意事项:

(1)以樘计量时,项目特征必须描述洞口尺寸;没有洞口尺寸时必须描述门框或扇外围尺寸,以平方米计量,项目特征可不描述洞口尺寸及框、扇的外围尺寸。

(2)以平方米计量时,无设计图示洞口尺寸,按门框、扇外围以面积计算。

5.1.3 窗清单项目划分

窗装饰工程清单项目设置应按《计算规范》中表 H.6~表 H.10 的规定执行。

5.1.3.1　木窗清单项目设置

木窗清单项目设置应按《计算规范》中表 H.6 的规定执行。

注意事项：

(1)木质窗应区分木百叶窗、木组合窗、木天窗、木固定窗、木装饰空花窗等项目，分别编码列项。

(2)以樘计量时，项目特征必须描述洞口尺寸，没有洞口尺寸必须描述窗框外围尺寸，以平方米计量，项目特征可不描述洞口尺寸及框的外围尺寸。

(3)以平方米计量时，无设计图示洞口尺寸，按窗框外围以面积计算。

(4)木橱窗、木飘(凸)窗以樘计量时，项目特征必须描述框截面及外围展开面积。

(5)木窗五金包括折页、插销、风钩、木螺丝、滑楞滑轨(推拉窗)等。

(6)窗开启方式指平开、推拉、上悬或中悬。

(7)窗形状指矩形或异形。

5.1.3.2　金属窗清单项目设置

金属窗清单项目设置应按《计算规范》中表 H.7 的规定执行。

注意事项：

(1)金属窗应区分金属组合窗、防盗窗等项目，分别编码列项。

(2)以樘计量时，项目特征必须描述洞口尺寸；没有洞口尺寸时必须描述窗框外围尺寸，以平方米计量，项目特征可不描述洞口尺寸及框的外围尺寸。

(3)以平方米计量时，无设计图示洞口尺寸，按窗框外围以面积计算。

(4)金属橱窗、飘(凸)窗以樘计量时，项目特征必须描述框外围展开面积。

(5)金属窗中铝合金窗五金应包括卡锁、滑轮、铰拉、执手、拉把、拉手、风撑、角码、牛角制等。

(6)其他金属窗五金包括折页、螺丝、执手、卡锁、风撑、滑轮滑轨(推拉窗)等。

5.1.3.3　门窗套清单项目设置

门窗套清单项目设置应按《计算规范》中表 H.8 的规定执行。

注意事项：

(1)以樘计量时，项目特征必须描述洞口尺寸、门窗套展开宽度。

(2)以平方米计量时，项目特征可不描述洞口尺寸、门窗套展开宽度。

(3)以米计量时，项目特征必须描述门窗套展开宽度、筒子板及贴脸宽度。

5.1.3.4　窗台板清单项目设置

窗台板清单项目设置应按《计算规范》中表 H.9 的规定执行。

5.1.3.5　窗帘、窗帘盒、轨清单项目设置

窗帘、窗帘盒、轨清单项目设置应按《计算规范》中表 H.10 的规定执行。

注意事项：

(1)窗帘若是双层，项目特征必须描述每层材质。

(2)窗帘以米计量，项目特征必须描述窗帘高度和宽度。

【任务解析】

1. 识读“老人之家”平面图、立面索引图、各房间立面图、构造做法表及门窗表，按房间部位列出门窗项目的装饰类型，见表5-2。注意不能重复，不得漏项。

表 5-2 房间各部位门窗工程装饰项目表

编号	房间	部位/图号	门、门套装饰做法	窗、窗台板、窗帘盒、窗帘装饰做法
1	阅读书画室	A 立面	单侧门头板,平开单扇成品装饰木门,把手锁	
2		C 立面		C1 幕墙窗
3		C 立面		C2 铝合金推拉窗(部分)
4		C 立面		窗台板,水泥砂浆粘贴 40 厚×150 宽预制水磨石(部分)
5		B、D 立面/图 07		木作窗帘盒,大芯板基层刷防火涂料三遍外贴石膏板,批腻子三遍,刷乳胶漆
6		C 立面/图 07		尼龙遮光升降卷帘
7	娱乐室	A 立面	单侧门头板,平开双扇成品装饰木门,把手锁	
8		C 立面		C2 铝合金推拉窗(部分)
9		C 立面		窗台板,水泥砂浆粘贴 40 厚×150 宽预制水磨石(部分)
10		B、D 立面/图 07		木作窗帘盒,大芯板基层刷防火涂料三遍外贴石膏板,批腻子三遍,刷乳胶漆
11		C 立面/图 07		尼龙遮光升降卷帘
12	培训室	A 立面	铝镁合金推拉门,6 mm 钢化玻璃	
13		C 立面		C2 铝合金推拉窗(部分)
14		C 立面		窗台板,水泥砂浆粘贴 40 厚×150 宽预制水磨石(部分)
15		B、D 立面/图 07		木作窗帘盒,大芯板基层刷防火涂料三遍外贴石膏板,批腻子三遍,刷乳胶漆
16		C 立面/图 07		尼龙遮光升降卷帘
17	活动室	A 立面	单侧门头板,平开单扇成品装饰木门,把手锁	
18		C 立面		C1 幕墙窗
19		C 立面		C2 铝合金推拉窗(部分)
20		C 立面		窗台板,水泥砂浆粘贴 40 厚×150 宽预制水磨石(部分)
21		B、D 立面/图 07		木作窗帘盒,大芯板基层刷防火涂料三遍外贴石膏板,批腻子三遍,刷乳胶漆
22		C 立面/图 07		尼龙遮光升降卷帘

续表 5-2

编号	房间	部位/图号	门、门套装饰做法	窗、窗台板、窗帘盒、窗帘装饰做法
23	棋牌室	D 立面	单侧门头板,平开单扇成品装饰木门,把手锁	
24	洗手区及卫生间	洗手区 C 立面	平开单扇成品装饰木门,把手锁	
25		洗手区 A 立面	成品实木门套	
26		C 立面		C3 铝合金推拉窗
27	走廊	B 立面	平开单扇成品装饰木门,把手锁	
28		A 立面		C4 铝合金推拉窗
29		A 立面		窗台板,水泥砂浆粘贴 40 厚×150 宽预制水磨石(部分)
30	前厅	D 立面	平开单扇成品装饰木门,把手锁	

2. 将“老人之家”图纸中的相关门窗的装饰内容按清单规范要求分类汇总,确定项目名称、项目编码、计量单位,描述项目特征,见表 5-3。

表 5-3 门窗装饰工程清单项目表

序号	项目编码	项目名称	项目特征	计量单位
1	010801002001	木质门带套	1. 成品单扇实木装饰门	m^2
2	010801002002	木质门带套	1. 成品双扇实木装饰门	m^2
3	010801002003	木质门带套	1. 单侧门头板,成品单扇实木装饰门	m^2
4	010802001001	金属(塑钢)门	1. 铝镁合金推拉门 2. 镶嵌 6 mm 钢化玻璃	m^2
5	010808007001	成品木门窗套	1. 成品实木门套	m
6	010801006001	门锁安装	1. 把手锁	个(套)
7	011209001001	带骨架幕墙	1. 100 系列隐框铝合金幕墙龙骨,中距 700 2. 面层为 6+9A+6 钢化蓝灰色镀膜玻璃 3. 带副框粘贴固定 4. 上悬式开启隐蔽窗	m^2
8	010807001001	金属(塑钢、断桥)窗	1. 灰色断桥铝合金推拉窗 2. 玻璃品种为 5+9A+5 钢化玻璃	m^2

续表 5-3

序号	项目编码	项目名称	项目特征	计量单位
9	010809004001	石材窗台板	1. 20 厚度,1:2水泥砂浆黏结层 2. 40 厚预制普通水磨石板	m^2
10	010810002001	木窗帘盒	1. 18 厘细木工板基层 2. 外贴 9.5 厚纸面石膏板	m
11	010810001001	窗帘(杆)	1. 窗帘材质为遮光尼龙布 2. C1 窗帘高度 2 600、C2 窗帘高度 3 380,宽度按图示尺寸 3. 窗帘一层	m^2

具体分析如下：

(1)根据图纸提供的做法表、图纸文字标注及图集常规做法,依据清单规范要求查找清单项目名称、清单编码、计量单位,并描述每一个分项工程的项目特征。

(2)"平开单(双)扇成品装饰木门,把手锁"项目,通过查找清单规范对比做法表和图纸文字标注,应选用附表 H.1 中"010801002,木质门带套"清单项目。为便于区别,将"单扇门"与"双扇门""单侧门头板门"分别列项。

(3)"铝镁合金推拉门,6 mm 钢化玻璃"项目,通过查找清单规范对比做法表和图纸文字标注,应选用附表 H.2 中"010802001,金属(塑钢)门"清单项目。

(4)"成品实木门套"项目,通过查找清单规范对比做法表和图纸文字标注,应选用附表 H.8 中"010808007,成品木门窗套"清单项目。

(5)"门把手锁"项目,通过查找清单规范对比做法表和图纸文字标注,应选用附表 H.1 中"010801006,门锁安装"清单项目。

(6)"C1 幕墙窗"项目,通过查找清单规范对比做法表和图纸文字标注,应选用附表 L.9 中"011209001,带骨架幕墙"清单项目。

(7)"C2/C3/C4 铝合金推拉窗"项目,通过查找清单规范对比做法表和图纸文字标注,应选用附表 H.7 中"010807001,金属(塑钢、断桥)窗"清单项目。

(8)"窗台板,水泥砂浆粘贴 40 厚×150 宽预制水磨石"项目,通过查找清单规范对比做法表和图纸文字标注,应选用附表 H.9 中"010809004,石材窗台板"清单项目。

(9)"木作窗帘盒,大芯板基层刷防火涂料三遍外贴石膏板批腻子三遍刷乳胶漆"项目,其中"刷防火涂料,批腻子刷乳胶漆"部分应查找"附录 N 油漆、涂料、裱糊工程"中相应清单项目。"大芯板基层,外贴石膏板"部分,通过查找清单规范对比做法表和图纸文字标注,应选用附表 H.10 中"010810002,木窗帘盒"清单项目。

(10)"尼龙遮光升降卷帘"项目,通过查找清单规范对比做法表和图纸文字标注,应选用附表 H.9 中"010810001,窗帘(杆)"清单项目。

【拓展学习】

1.《"十四五"建筑业发展规划》(建市〔2022〕11 号)提出"推广绿色建造方式""深化

工程造价改革”等目标任务。请结合专业知识,谈谈门窗装饰工程项目计量计价应如何适应新形势的发展需要。

2.“双碳”目标下,人们都在向自然、环保、健康、低碳方向前行,通过实践调研、信息检索,了解新型门窗装饰材料,思考如何编制新型门窗装饰的清单项目。

【技能训练】

一、基础技能

1.【单选题】 各类门窗制作、安装工程量除特别规定外,通常按(　　)计算。

A.门窗洞口面积　B.门窗框面积　C.门窗扇面积

2.【多选题】 按《计算规范》规定,下列门窗工程中按洞口面积计算的有(　　)。

A.普通木门窗　B.塑钢门窗　C.纱门　D.纱窗　E.金属卷帘门

3.【多选题】 根据《计算规范》,钢门窗油漆项目清单工程量可以按(　　)计算。

A.洞口面积　B.外周长　C.数量　D.质量　E.框面积

二、提高技能

根据实际建筑装饰施工图纸,列出门窗装饰工程的清单项目。

【学后反思】

梳理本任务知识技能体系,构建知识图谱,参照附录1综合评价表完成自我评价,并完成一份学后反思总结。

任务5.2　门窗工程清单项目编制

【任务描述】

依据“老人之家”项目图纸,编制门窗工程清单项目。

【学习目标】

1.理解门窗装饰工程的工程量计算规则内涵,提高使用规范的学习能力。

2.会计算门窗装饰工程的清单工程量,能编制清单项目。

3.培养崇尚严谨细致的工作态度、遵纪守规的职业道德。

【思政要点】

1.采用思维导图的方式梳理门窗装饰工程的工程量计算规则,用图解数学思维的方法解析规则的重难点,培养学生积极主动用新方法学习新知识、新技能的兴趣和习惯。

2.培养学生的规范意识,做遵守法律法规、遵守职业道德、遵守校规校纪、遵守社会公德的好公民。

【任务分析】

1. 门窗工程清单项目编制

(1)依据《计算规范》附录 H.1～H.10,梳理门窗工程量计算规则要点。

(2)结合任务 5.1 列出的"老人之家"工程的门窗工程清单项目,根据"老人之家"功能分割尺寸图和相应各房间的立面图、天花图,确定相应门窗部位的尺寸。

(3)按工程量计算规则要求计算"老人之家"工程的门窗清单工程量,并完成清单项目的编制。

2. 难点

(1)识读图纸门窗表、各房间立面图、天花图,判断有关构造做法是否影响门窗部位洞口安装尺寸的问题。

(2)同一材质不同结构、不同功能或不同开启方式的项目应分别列不同的清单项目,单独列项独立计算,以便准确计价。

【知识资源】

5.2.1 门装饰工程清单项目

参照《计算规范》中表 H.1～H.8,解析门装饰工程清单工程量计算规则。

5.2.1.1 术语

(1)筒子板:是指垂直门窗的,在洞口侧面的装饰板材,借以保护门窗洞口内侧免受污损,并起装饰作用的装修部分。

(2)贴脸:平行门窗和墙面的,盖住筒子板和墙面缝隙的叫贴脸,也称为门窗套线。用于遮盖和装饰筒子板与门窗洞口之间的缝隙。

(3)门窗贴脸+门窗筒子板=门窗套。

5.2.1.2 门装饰工程清单工程量计算思维导图

门装饰工程清单工程量计算思维导图见图 5-1。

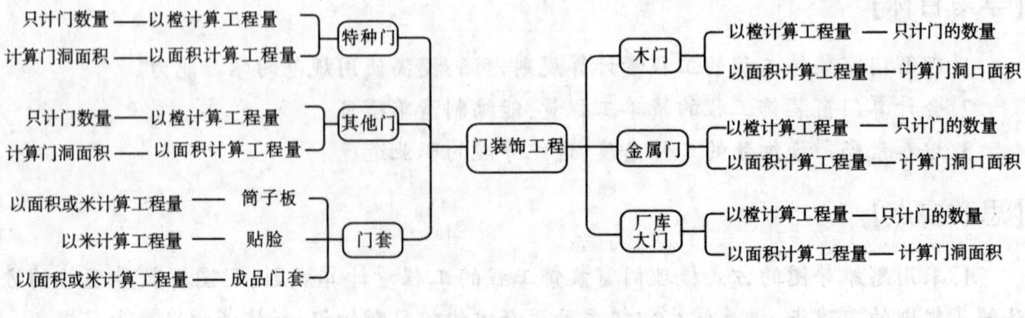

图 5-1 门装饰工程清单工程量计算思维导图

5.2.1.3 **门装饰工程清单工程量计算公式**

门按面积计：S = 门洞口宽度 × 高度 (5-1)

门按樘计：M = 门的数量 (5-2)

门套、筒子板按面积计：S = 展开宽度 × 长度 (5-3)

门套、筒子板、贴脸按米计：L = 延长米 (5-4)

门五金按个(套)计：N = 五金数量 (5-5)

5.2.2 窗装饰工程清单项目

参照《计算规范》中表 H.6~H.10，解析窗装饰工程清单工程量计算规则。

5.2.2.1 **术语**

窗台板：是指在窗台上用大理石、花岗岩、人造石、瓷砖、木板等材料进行铺设形成的装饰面。借以保护窗台免受污损，方便清洁，并起装饰作用的装修部分。一般窗台板宽度等于或稍大于窗台的宽度，长度等于或稍大于窗台的长度。

窗台板可以单独设计施工，也可以与窗套一起设计施工。

5.2.2.2 **窗装饰工程清单工程量计算思维导图**

窗装饰工程清单工程量计算思维导图见图 5-2。

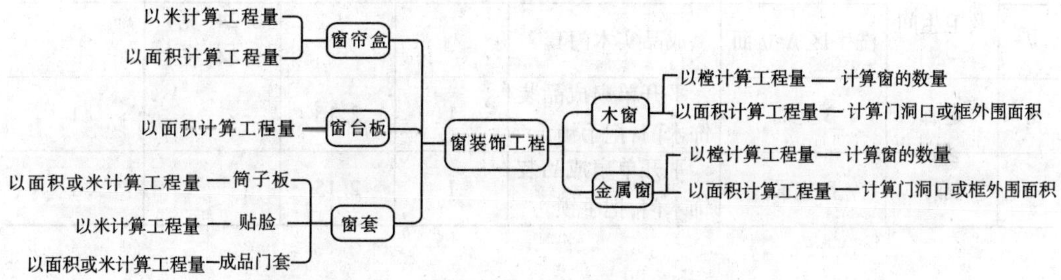

图 5-2 窗装饰工程清单工程量计算思维导图

5.2.2.3 **窗装饰工程清单工程量计算公式**

$$S_{窗} = 窗洞口宽 \times 洞口高 \tag{5-6}$$

$$N_{窗} = 窗的数量 \tag{5-7}$$

【任务解析】

1. 门装饰工程量清单编制

(1) 识读"老人之家"项目立面索引图、各房间立面图、天花图及构造做法表，结合任务 5.1 列出的门装饰工程的清单项目，确定计算门装饰部位的尺寸，见表 5-4。

表 5-4　门装饰工程部位尺寸表

编号	房间	部位/图号	门、门套装饰做法	门洞尺寸		门套尺寸/m	五金数量/(个/套)
				宽/m	高/m		
1	阅读书画室	A 立面	单侧门头板，平开单扇成品装饰木门，把手锁	0.9	2.15		1
2	娱乐室	A 立面	单侧门头板，平开双扇成品装饰木门，把手锁	1.7	2.15		2
3	培训室	A 立面	铝镁合金推拉门，6 mm 钢化玻璃	2.4×2	2.7		
4	活动室	A 立面	单侧门头板，平开单扇成品装饰木门，把手锁	0.9	2.15		1
5	棋牌室	D 立面	单侧门头板，平开单扇成品装饰木门，把手锁	0.9	2.15		1
6	洗手区及卫生间	洗手区 C 立面	平开单扇成品装饰木门，把手锁	0.9×2	2.15		1
7	洗手区及卫生间	洗手区 A 立面	成品实木门套			0.24(宽) 8.44(长)	
8	走廊	B 立面	平开单扇成品装饰木门，把手锁	1	2.15		1
9	前厅	D 立面	平开单扇成品装饰木门，把手锁	1	2.15		1

(2)根据门装饰工程量计算规则，计算相应部位的门装饰工程量。

根据门、门套的做法、材料等不同，将表 5-4 中门的项目分为“单侧门头板，平开单扇成品装饰木门，把手锁”“单侧门头板，平开双扇成品装饰木门，把手锁”“平开单扇成品装饰木门，把手锁”“铝镁合金推拉门，6 mm 钢化玻璃”“成品实木门套”。分别归类计算工程量如下：

$$S_{有门头板单扇平开门} = (0.9 \times 2.15) \times 3 = 5.805(m^2) \approx 5.81\ m^2,\quad M_{有门头板单扇平开门} = 3\ 樘$$

$$S_{有门头板双扇平开门} = 1.7 \times 2.15 = 3.655(m^2) \approx 3.66\ m^2,\quad M_{有门头板双扇平开门} = 1\ 樘$$

$$S_{无门头板单扇平开门} = 0.9 \times 2.15 \times 2 + 1 \times 2.15 \times 2 = 8.17(m^2) \approx 8.17\ m^2,$$

$$M_{无门头板单扇平开门} = 4\ 樘$$

$$S_{铝镁合金推拉门} = 2.4 \times 2.7 \times 2 = 12.96(m^2),\quad M_{铝镁合金推拉门} = 2\ 樘$$

$$S_{门套} = 8.44 \times 0.24 = 2.03(m^2)$$

$$M_{把手锁} = 1 + 2 + 1 + 1 + 1 + 1 + 1 = 8(套)$$

(3)根据《计算规范》编制门装饰工程量清单分项工程，见表 5-5。

表5-5 分部分项工程和单价措施清单与计价表

序号	项目编码	项目名称	项目特征描述	计量单位	工程量	金额/元		
						综合单价	合价	其中
								暂估价
1	010801002001	木质门带套	1. 成品单扇实木装饰门,无门头板	m^2	8.17			
2	010801002002	木质门带套	1. 成品双扇实木装饰门	m^2	3.66			
3	010801002003	木质门带套	1. 成品单扇实木装饰门,单侧门头板	m^2	5.81			
4	010802001001	金属(塑钢)门	1. 铝镁合金推拉门 2. 镶嵌6 mm钢化玻璃	m^2	12.96			
5	010808007001	成品木门窗套	1. 成品实木门套	m^2	2.03			
6	010801006001	门锁安装	1. 把手锁	个(套)	8			

2. 窗装饰工程清单编制

(1)识读"老人之家"项目功能分割尺寸图、各房间立面图、天花图及构造做法表,结合任务5.1列出的门窗工程的清单项目,确定窗装饰工程各部位尺寸,见表5-6。

表5-6 窗装饰工程部位尺寸表

编号	房间	部位/图号	窗、窗台板、窗帘盒、窗帘装饰做法	窗洞口		窗帘盒/m	窗台板		窗帘	
				宽/m	高/m		长/m	宽/m	宽/m	高/m
1	阅读书画室	C立面	C1幕墙窗	1.46	3.10					
2		C立面	C2铝合金推拉窗(部分)	合并到C2中	2.16					
3		C立面	窗台板,水泥砂浆粘贴40厚×150宽预制水磨石(部分)				合并到C2中	0.15		
4		B、D立面/图07	木作窗帘盒,大芯板基层刷防火涂料三遍外贴石膏板,批腻子三遍,刷乳胶漆			6.5				
5		C立面/图07	尼龙遮光升降卷帘						1.46	3.38
									3.02	2.6

续表 5-6

编号	房间	部位/图号	窗、窗台板、窗帘盒、窗帘装饰做法	窗洞口		窗帘盒/m	窗台板		窗帘	
				宽/m	高/m		长/m	宽/m	宽/m	高/m
6	娱乐室	C立面	C2铝合金推拉窗(部分)	合并到C2中	2.16					
7	娱乐室	C立面	窗台板,水泥砂浆粘贴40厚×150宽预制水磨石(部分)				合并到C2中	0.15		
8	娱乐室	B、D立面/图07	木作窗帘盒,大芯板基层刷防火涂料三遍外贴石膏板,批腻子三遍,刷乳胶漆			7.36				
9	娱乐室	C立面/图07	尼龙遮光升降卷帘						7.36	2.6
10	培训室	C立面	C2铝合金推拉窗(部分)	合并到C2中	2.16					
11	培训室	C立面	窗台板,水泥砂浆粘贴40厚×150宽预制水磨石(部分)				合并到C2中	0.15		
12	培训室	B、D立面/图07	木作窗帘盒,大芯板基层刷防火涂料三遍外贴石膏板,批腻子三遍,刷乳胶漆			14.73				
13	培训室	C立面/图07	尼龙遮光升降卷帘						14.73	2.6

续表 5-6

编号	房间	部位/图号	窗、窗台板、窗帘盒、窗帘装饰做法	窗洞口		窗帘盒/m	窗台板		窗帘	
				宽/m	高/m		长/m	宽/m	宽/m	高/m
14	活动室	C 立面	C1 幕墙窗	1.46	3.1					
15		C 立面	C2 铝合金推拉窗(部分)	合并到 C2 中	2.16					
16		C 立面	窗台板,水泥砂浆粘贴 40 厚×150 宽预制水磨石(部分)				合并到 C2 中	0.15		
17		B、D 立面/图 07	木作窗帘盒,大芯板基层刷防火涂料三遍外贴石膏板,批腻子三遍,刷乳胶漆			7.89				
18		C 立面/图 07	尼龙遮光升降卷帘						1.46	3.4
									1.95	2.62
19	洗手区及卫生间	C 立面	C3 铝合金推拉窗	1.43	2.0					
20	走廊	A 立面	C4 铝合金推拉窗	37.17	2.16					
21		A 立面	窗台板,水泥砂浆粘贴 40 厚×150 宽预制水磨石				37.17	0.15		

(2)根据窗工程计算规则,计算相应窗装饰清单工程量。

根据窗的做法、材料等不同,将表 5-6 中窗装饰的项目分为"幕墙窗""铝合金推拉窗""水磨石窗台板""木作窗帘盒""尼龙遮光升降卷帘"几个项目。

其中,C2 的长度查门窗表为 21.6 m。

$$S_{幕墙窗}=1.46\times3.10\times2=9.052(m^2)\approx9.05\ m^2$$

$$S_{推拉窗}=26.1\times2.16+1.43\times2.0\times2+37.17\times2.16=142.3832(m^2)\approx142.38\ m^2$$

$$S_{窗台板}=26.1\times0.15+37.17\times0.15=9.4905(m^2)\approx9.49\ m^2$$

$$L_{窗帘盒}=6.5+7.36+14.73+7.89=36.72(m)$$

$$S_{窗帘}=(1.46\times3.38+3.02\times2.6)+7.36\times2.6+14.73\times2.6+(1.46\times3.4+1.95\times2.62)$$
$$=80.2938(m^2)\approx80.29\ m^2$$

(3)根据《计算规范》编制窗装饰工程量清单分项工程(见表 5-7)。

表 5-7　分部分项工程和单价措施清单与计价表

序号	项目编码	项目名称	项目特征描述	计量单位	工程量	金额/元		
						综合单价	合价	其中 暂估价
1	011209001001	带骨架幕墙	1. 100 系列隐框铝合金幕墙龙骨，中距 700 2. 面层为 6+9A+6 钢化蓝灰色镀膜玻璃 3. 带副框粘贴固定 4. 上悬式开启隐蔽窗	m^2	9. 05			
2	010807001001	金属（塑钢、断桥）窗	1. 灰色断桥铝合金推拉窗 2. 玻璃品种为 5+9A+5 钢化玻璃	m^2	142. 38			
3	010809004001	石材窗台板	1. 20 厚 1∶2水泥砂浆黏结层 2. 40 厚预制普通水磨石板	m^2	9. 49			
4	010810002001	木窗帘盒	1. 18 厘细木工板基层 2. 外贴 9. 5 厚纸面石膏板	m	36. 72			
5	010810001001	窗帘（杆）	1. 窗帘材质为遮光尼龙布 2. C1 窗帘高度 2 600、C2 窗帘高度 3 380，宽度按图示尺寸 3. 窗帘一层	m^2	80. 29			

【拓展学习】

1. 请结合专业知识，谈谈传统建造下的门窗施工工艺和装配式建造下的门窗施工工艺。

2. 请通过信息检索、市场调研等方式，了解常见门窗工程所用的材料及相应的价格。

3. 结合专业工程量计算软件，用软件计算门窗工程量，提高理论分析计算能力，提升职业技能水平。

【技能训练】

一、基础技能

1.【单选题】 门以平方米计量,无设计图示洞口尺寸时,按(　　)以面积计算。

A. 门框外围　　B. 门扇外围　　C. 门框内围　　D. 门框、扇外围

2.【单选题】 窗以平方米计量,无设计图示洞口尺寸时,按(　　)以面积计算。

A. 窗框外围　　B. 窗框内围　　C. 窗扇外围　　D. 窗扇内围

3.【单选题】 门工程量以樘计量,项目特征必须描述(　　)或门框或扇外围尺寸;以平方米计量,项目特征可不描述(　　)。

A. 洞口尺寸　　B. 门框大小　　C. 门扇的材质　　D. 门扇尺寸

4.【单选题】 木质门带套计量按洞口尺寸以面积计算,(　　)门套的面积。

A. 包括　　B. 不包括　　C. 门套单算

D. 门套合并在套装门内

5.【单选题】 规范规定的成品门窗五金在计算门窗工程量时(　　)单独计算。

A. 应该　　B. 不应该　　C. 大五金计算　　D. 小五金不算

6.【多选题】 窗开启方式指(　　)。

A. 平开　　B. 推拉　　C. 上悬　　D. 中悬

7.【多选题】 木质门应区分(　　)等项目,分别编码列项。

A. 镶板木门　　B. 企口木板门　　C. 实木装饰门　　D. 胶合板门

E. 夹板装饰门　　F. 全玻门　　G. 木质半玻门　　H. 木纱门

8.【多选题】 金属门应区分(　　)等项目,分别编码列项。

A. 金属平开门　　B. 金属推拉门　　C. 金属地弹门　　D. 全玻门

E. 金属半玻门

9.【多选题】 木质窗应区分(　　)等项目,分别编码列项。

A. 木百叶窗　　B. 木组合窗　　C. 木天窗　　D. 木固定窗

E. 木装饰空花窗

10.【多选题】 金属窗应区分(　　)等项目,分别编码列项。

A. 金属组合窗　　B. 防盗窗　　C. 金属天窗　　D. 金属固定窗

E. 金属装饰空花窗

二、提高技能

1. 根据表5-8内容编制门窗工程的清单项目。

表 5-8 某房屋门窗表

类型	门窗名称	洞口尺寸	数量	门窗类型	备注 1	备注 2
窗	C0712	700×1 200	32	92SJ704(95 系列) 白色塑钢推拉窗	6 厚热反射镀膜玻璃, 窗台高 0.9 m,双开	标准层
	C0812	800×1 200	32	92SJ704(95 系列) 白色塑钢推拉窗	6 厚热反射镀膜玻璃, 窗台高 0.9 m,双开	标准层
	C0912	900×1 200	96	92SJ704(95 系列) 白色塑钢推拉窗	6 厚热反射镀膜玻璃, 窗台高 1.2 m,双开	标准层
	PC1518	1 500×1 800	160	92SJ704(95 系列) 白色塑钢推拉窗	6 厚热反射镀膜玻璃, 窗台高 0.5 m,分隔见大样图	标准层
	PC1818	1 800×1 800	96	92SJ704(95 系列) 白色塑钢推拉窗	6 厚热反射镀膜玻璃, 窗台高 0.5 m,分隔见大样图	标准层
	C1515	1 500×1 500	36	92SJ704(95 系列) 白色塑钢平开窗	6 厚热反射镀膜玻璃, 窗台高 1.1 m,双开	楼梯间
	C2316	2 300×1 600	6	92SJ704(95 系列) 白色塑钢推拉窗	6 厚热反射镀膜玻璃, 窗台高 1.1 m,双开	一层
	BYC1616	1 600×1 600	1	白色铝合金	金属百叶窗,窗台高 1.8 m	一层
	BYC2316	2 300×1 600	2	白色铝合金	金属百叶窗,窗台高 1.8 m	一层
	BYC1215	1 200×1 500	4	白色铝合金	金属百叶窗	屋面
	BYC1024	1 000×2 400	64	白色铝合金百叶		标准层
	C1515	1 500×1 500	32	92SJ704(95 系列) 白色塑钢推拉窗	热反射镀膜玻璃	标准层

续表 5-8

类型	门窗名称	洞口尺寸	数量	门窗类型	备注 1	备注 2
门	M1021	1 000×2 100	4	普通木门		地下室
	TLM1524	1 500×2 400	64	白色塑钢推拉门	6 厚钢化玻璃	标准层
	TLM2424	2 400×2 400	64	白色塑钢推拉门		
	TLM3024	3 000×2 400	64	白色塑钢推拉门	6 厚钢化玻璃	标准层
	MLC1934	1 900×3 400	2	无框玻璃门连窗(定制)	10 厚安全玻璃(定制)	一层
	MLC4034	4 000×3 400	5	无框玻璃门连窗(定制)	10 厚安全玻璃(定制)	一层
	MLC6934	6 900×3 400	2	无框玻璃门连窗(定制)	10 厚安全玻璃(定制)	一层
	MLC4734	4 700×3 400	1	无框玻璃门连窗(定制)	10 厚安全玻璃(定制)	一层
	MLC2134	2 100×3 400	1	无框玻璃门连窗(定制)	10 厚安全玻璃(定制)	一层
	MLC1624	1 600×2 400	96	无框玻璃门连窗(定制)	6 厚热反射镀膜玻璃,窗台高 1 m	标准层
	甲 FM1021	1 000×2 100	130	甲级防火门	消防部门认可产品(定制)	标准层、天面
	乙 FM1021	1 000×2 100	38	乙级防火门	消防部门认可产品(定制)	标准、天面
	甲 FM1221	1 200×2 100	2	甲级防火门		天面
	乙 FHM1221	1 200×2 100	2	乙级防火门		一层
	乙 FHM1524	1 500×2 400	2	入口单元门	安装隐式闭门	
	丙 FHM1508	1 500×800	32	丙级防火门	消防部门认可产品(定制)	

2. 依据实际建筑装饰施工图纸,编制相应的门窗工程工程量清单。

【学后反思】

梳理本任务知识技能体系,构建知识图谱,参照附录 1 综合评价表完成自我评价,并完成一份学后反思总结。

任务 5.3　门窗工程清单项目综合单价的确定

【任务描述】

依据"老人之家"项目图纸,确定门窗装饰工程清单项目的综合单价并计算相应的费用。

【学习目标】

1. 提取影响门窗工程综合单价的主要因素,培养在原有知识体系基础上建构新知识技能的能力。

2. 会确定门窗工程清单项目的综合单价,会填写综合单价分析表,提高理论分析和实践应用的职业技能。

3. 提升应用理论解决工程实际问题的工作能力,增强爱岗敬业的劳动素养。

【思政要点】

1. 引导学生掌握科学的学习方法。

2. 培养学生的实践调查能力,提高学生实时更新数据,紧跟市场行业发展,与时俱进,精益求精的职业能力。

3. 培养学生科学严谨、实事求是、认真负责的职业操守。

【任务分析】

1. 门窗装饰工程清单项目综合单价组成

(1)分析"老人之家"项目门窗工程清单的项目特征,依据地区预算定额,确定其综合单价组价对应的定额子目。

(2)按照《计价规范》要求,填写综合单价分析表,编制相应的分部分项工程和单价措施清单与计价表,计算其费用。

2. 难点

(1)依据项目特征描述确定门窗装饰工程清单项目综合单价组价对应的定额子目。

(2)按规范要求填写综合单价分析表,确定其综合单价及费用。

【知识资源】

5.3.1 门窗工程清单项目的工作内容分析

门窗工程的通用施工工艺流程:测量放线→门窗(框、扇)制作→安装门窗框→安装门窗扇→(后装)玻璃安装→安装门窗五金→清洁、验收。

《计算规范》中表 H.1~表 H.10 门工程清单项目编制中的工作内容概括为:①门窗制作;②门窗(门窗框)安装;③玻璃安装;④五金安装,包含了一般木门窗、金属门窗等的施工工艺要点。

5.3.2 门窗工程清单项目的综合单价计算依据

本单元按照某省《预算定额》进行清单综合单价编制。该定额依据门窗的材料类别、门窗构成、开启方式、门窗功能等,分解为不同的定额子目,门窗工程清单项目的综合单价根据具体的工作内容由一个或者几个定额子目组价形成。

【任务解析】

1. 门工程清单项目综合单价编制

(1)清单组价定额子目的选择。

根据任务5.2中确定的“老人之家”项目门装饰工程量清单,见表5-5,依据各分项工程的项目特征描述,对照某省《预算定额》,从中选择确定完成门工程清单项目的综合单价计算所对应的定额子目(见表5-9)。

所选定额子目要求能完整、准确反映清单项目特征内容,不能似是而非、模棱两可,更不应错选错用。当无法在(子)分部工程或专业工程定额子目中查找到恰当对应子目时,可以在其他(子)分部工程或专业工程定额子目中借用相符、相近、相似子目,并予以注明。确实无法查找到相同或相近子目的,可以根据实际情况或设计要求编制补充定额子目。补充定额子目应征得有关方面或定额管理部门认可或认定。

表5-9　门工程清单项目与定额子目对应关系

序号	清单项目			对应定额子目		
	项目编码	项目名称	项目特征描述	定额名称	定额子目	工作内容
1	010801002001	木质门带套	1. 成品单扇实木装饰门,无门头板	成品套装门安装 单扇门	8-3	门框、门套、门扇安装,五金安装,框周边塞缝等
2	010801002002	木质门带套	1. 成品双扇实木装饰门	成品套装门安装 双扇门	8-4	门框、门套、门扇安装,五金安装,框周边塞缝等
3	010801002003	木质门带套	1. 成品单扇实木装饰门,单侧门头板	成品套装门安装 单扇门	8-3	门框、门套、门扇安装,五金安装,框周边塞缝等
4	010802001001	金属(塑钢)门	1. 铝镁合金推拉门 2. 镶嵌6 mm钢化玻璃	隔热断桥铝合金门安装推拉	8-7	开箱、解捆、定位、画线、吊正、找平、安装、框周边塞缝等
5	010808007001	成品木门窗套	1. 成品实木门套	成品门窗套(筒子板)木质	8-95	清理基层、找平、安装门窗套等
6	010801006001	门锁安装	1. 把手锁	门特殊五金执手锁	8-108	门特殊五金安装

(2)编制各清单分项工程的综合单价分析表。

清单分项工程综合单价应依据现行的预算定额、费用税收文件及房屋建筑工程造价调整政策,并结合设计文件或现场实际情况进行综合分析计算。综合单价的计算结果应能准确反映客观实际或设计要求,不能人为抬高或压低价格。每一个清单分项工程均应独立进行综合单价分析(见表5-10~表5-15)。

表 5-10 综合单价分析表

项目编码	010801002001	项目名称	木质门带套		计量单位	m^2	工程量	8.17		
清单综合单价组成明细										
定额编号	定额项目名称	定额单位	数量	单价				合价		
				人工费	材料费	机械费	管理费和利润	人工费	材料费	机械费	管理费和利润
8-3	成品套装木门安装 单扇门	10 樘	0.049	466.35	12 766.13	—	115.74	22.85	625.54	—	5.67
人工单价		小计						22.85	625.54		5.67
元/工日		未计价材料费									
清单项目综合单价								654.06			

表 5-11 综合单价分析表

项目编码	010801002002	项目名称	木质门带套	计量单位	m^2	工程量	3.66				
清单综合单价组成明细											
定额编号	定额项目名称	定额单位	数量	单价				合价			
				人工费	材料费	机械费	管理费和利润	人工费	材料费	机械费	管理费和利润
8-4	成品套装木门安装 双扇门	10 樘	0.027	684.93	21 516.15	—	170.16	18.49	580.94	—	4.59
人工单价		小计						18.49	580.94	—	4.59
元/工日		未计价材料费									
清单项目综合单价								604.02			

表 5-12 综合单价分析表

项目编码	010801002003	项目名称	木质门带套	计量单位	m^2	工程量	5.81				
清单综合单价组成明细											
定额编号	定额项目名称	定额单位	数量	单价				合价			
				人工费	材料费	机械费	管理费和利润	人工费	材料费	机械费	管理费和利润
8-3	成品套装木门安装 单扇门	10 樘	0.052	466.35	12 766.13	—	115.74	24.25	663.84	—	6.02
人工单价		小计						24.25	663.84	—	6.02
元/工日		未计价材料费									
清单项目综合单价								694.11			

表5-13 综合单价分析表

项目编码		010802001001		项目名称		金属(塑钢)门	计量单位	m^2		工程量	12.96
清单综合单价组成明细											
定额编号	定额项目名称	定额单位	数量	单价				合价			
				人工费	材料费	机械费	管理费和利润	人工费	材料费	机械费	管理费和利润
8-7	隔热断桥铝合金门安装 推拉	100 m^2	0.01	3 740.07	51 971.75	—	929.07	37.40	519.72	—	9.29
人工单价		小计						37.40	519.72	—	9.29
元/工日		未计价材料费									
清单项目综合单价								566.41			

表5-14 综合单价分析表

项目编码		010808007001		项目名称		成品木门窗套	计量单位	m^2		工程量	2.03
清单综合单价组成明细											
定额编号	定额项目名称	定额单位	数量	单价				合价			
				人工费	材料费	机械费	管理费和利润	人工费	材料费	机械费	管理费和利润
8-95	成品门窗套(筒子板)木质	10 m^2	0.1	170.13	1 343.81	—	42.15	17.01	134.38	—	4.22
人工单价		小计						17.01	134.38		4.22
元/工日		未计价材料费									
清单项目综合单价								155.61			

表5-15 综合单价分析表

项目编码		010801006001		项目名称		门锁安装	计量单位	个		工程量	8
清单综合单价组成明细											
定额编号	定额项目名称	定额单位	数量	单价				合价			
				人工费	材料费	机械费	管理费和利润	人工费	材料费	机械费	管理费和利润
8-108	门特殊五金 执手锁	10个	0.1	228.38	303.00	—	56.62	22.84	30.30	—	5.66
人工单价		小计						22.84	30.30	—	5.66
元/工日		未计价材料费									
清单项目综合单价								58.80			

(3)完成门工程分部分项工程和单价措施清单与计价表(见表5-16)。

表5-16　分部分项工程和单价措施清单与计价表

序号	项目编码	项目名称	项目特征描述	计量单位	工程量	金额/元		
						综合单价	合价	其中
								暂估价
1	010801002001	木质门带套	1. 成品单扇实木装饰门,无门头板	m^2	8.17	654.06	5 343.67	
2	010801002002	木质门带套	1. 成品双扇实木装饰门	m^2	3.66	604.02	2 210.71	
3	010801002003	木质门带套	1. 成品单扇实木装饰门,单侧门头板	m^2	5.81	694.11	4 032.78	
4	010802001001	金属(塑钢)门	1. 铝镁合金推拉门 2. 镶嵌6 mm钢化玻璃	m^2	12.96	566.41	7 340.67	
5	010808007001	成品木门窗套	1. 成品实木门套	m^2	2.03	155.61	315.89	
6	010801006001	门锁安装	1. 把手锁	个	8	58.80	470.40	

2. 窗工程清单项目综合单价编制

(1)据任务5.2中确定的"老人之家"项目窗装饰工程量清单,见表5-7,依据各分项工程的项目特征描述,对照某省《预算定额》,从中选择确定完成窗工程清单项目的综合单价计算所对应的定额子目(见表5-17)。

表5-17　窗工程清单项目与定额子目对应关系

序号	清单项目			对应定额子目		
	项目编码	项目名称	项目特征描述	定额名称	定额子目	工作内容
1	011209001001	带骨架幕墙	1. 100系列隐框铝合金幕墙龙骨,中距700 2. 面层为6+9A+6钢化蓝灰色镀膜玻璃 3. 带副框粘贴固定 4. 上悬式开启隐蔽窗	玻璃幕墙全隐框	12-210	1. 型材矫正、放料下料、切割断料、钻孔、安装框料及玻璃配件、框周边塞口、清洁 2. 清理基层、定位、画线、下料、打砖剔洞、安装龙骨、避雷装置焊接安装、清洗等
2	010807001001	金属(塑钢、断桥)窗	1. 灰色断桥铝合金推拉窗 2. 玻璃品种为5+9A+5钢化玻璃	隔热断桥铝合金普通窗安装 推拉	8-62	开箱、解捆、定位、画线、吊正、找平、安装、框周边塞缝等
3	010809004001	石材窗台板	1. 20厚度,1:2水泥砂浆黏结层 2. 40厚预制普通水磨石板	窗台板面层 石材	8-100	调运砂浆、锯板磨边、镶贴石材等

续表 5-17

序号	清单项目			对应定额子目		
	项目编码	项目名称	项目特征描述	定额名称	定额子目	工作内容
4	010810002001	木窗帘盒	1.18 厘细木工板基层 2.外贴 9.5 厚纸面石膏板	窗帘盒（不带轨）制作安装胶合板	8-102	定位、画线、选料、木龙骨制作安装、刷防腐油，下料、裁板、钉贴板、修边等
5	010810001001	窗帘（杆）	1.窗帘材质为遮光尼龙布 2.C1 窗帘高度 2 600、C2 窗帘高度 3 380，宽度按图示尺寸 3.窗帘一层	上升遮光卷帘	B001	窗帘制作、安装

（2）编制各清单分项工程的综合单价分析表（见表 5-18～表 5-22）。

表 5-18　综合单价分析表

项目编码	011209001001		项目名称		带骨架幕墙		计量单位	m^2	工程量	9.05
清单综合单价组成明细										
定额编号	定额项目名称	定额单位	数量	单价				合价		
				人工费	材料费	机械费	管理费和利润	人工费	材料费	机械费	管理费和利润
12-210换	玻璃幕墙全隐框 换为［铝合金型材110系］换为［中空玻璃］	$100\ m^2$	0.01	16 202.62	37 229.48	361.11	4 507.5	162.03	372.29	3.61	45.08
人工单价		小计						162.03	372.29	3.61	45.08
元/工日		未计价材料费									
清单项目综合单价								583.01			

表 5-19　综合单价分析表

项目编码	010807001001	项目名称		金属(塑钢、断桥)窗		计量单位	m²	工程量	142.38
清单综合单价组成明细									
定额编号	定额项目名称	定额单位	数量	单价				合价	
				人工费	材料费	机械费	管理费和利润	人工费	材料费	机械费	管理费和利润
8-62	隔热断桥铝合金 普通窗安装 推拉	100 m²	0.01	2 283.96	52 506.46	—	567.39	22.84	525.06	—	5.67
人工单价		小计						22.84	525.06	—	5.67
元/工日		未计价材料费									
清单项目综合单价								553.57			

表 5-20　综合单价分析表

项目编码	010809004001	项目名称		石材窗台板		计量单位	m²	工程量	9.49		
清单综合单价组成明细											
定额编号	定额项目名称	定额单位	数量	单价				合价			
				人工费	材料费	机械费	管理费和利润	人工费	材料费	机械费	管理费和利润
8-100换	窗台板 面层 石材 换为［水磨石板］	10 m²	0.1	499.61	539.68	—	124.23	49.96	53.97	—	12.42
人工单价		小计						49.96	53.97	—	12.42
元/工日		未计价材料费									
清单项目综合单价								116.35			

表 5-21　综合单价分析表

项目编码	010810002001	项目名称	木窗帘盒		计量单位	m	工程量	36.72
清单综合单价组成明细											
定额编号	定额项目名称	定额单位	数量	单价				合价			
				人工费	材料费	机械费	管理费和利润	人工费	材料费	机械费	管理费和利润
8-102换	窗帘盒(不带轨)制作安装 胶合板	10 m	0.1	193.74	209.75	—	48.12	19.37	20.98	—	4.81
人工单价		小计						19.37	20.98		4.81
元/工日		未计价材料费									
清单项目综合单价								45.16			

表 5-22　综合单价分析表

项目编码	010810001001	项目名称	窗帘(杆)		计量单位	m^2	工程量	80.29
清单综合单价组成明细											
定额编号	定额项目名称	定额单位	数量	单价				合价			
				人工费	材料费	机械费	管理费和利润	人工费	材料费	机械费	管理费和利润
B001	上升遮光卷帘	m^2	1	8.27	25	—	8.88	8.27	25	—	8.88
人工单价		小计						8.27	25		8.88
元/工日		未计价材料费						25.01			
清单项目综合单价								67.16			

(3)完成窗工程分部分项工程和单价措施清单与计价表(见表5-23)。

表5-23　分部分项工程和单价措施清单与计价表

序号	项目编码	项目名称	项目特征描述	计量单位	工程量	金额/元		
						综合单价	合价	其中 暂估价
1	011209001001	带骨架幕墙	1.100系列隐框铝合金幕墙龙骨,中距700 2.面层为6+9A+6钢化蓝灰色镀膜玻璃 3.带副框粘贴固定 4.上悬式开启隐蔽窗	m^2	9.05	555.71	5 029.18	
2	010807001001	金属(塑钢、断桥)窗	1.灰色断桥铝合金推拉窗 2.玻璃品种为5+9A+5钢化玻璃	m^2	142.38	553.57	78 817.30	
3	010809004001	石材窗台板	1.20厚度,1∶2水泥砂浆黏结层 2.40厚预制普通水磨石板	m^2	9.49	116.35	1 104.16	
4	010810002001	木窗帘盒	1.18厘细木工板基层 2.外贴9.5厚纸面石膏板	m	36.72	45.16	1 658.28	
5	010810001001	窗帘(杆)	1.窗帘材质为遮光尼龙布 2.C1窗帘高度2 600、C2窗帘高度3 380,宽度按图示尺寸 3.窗帘一层	m^2	80.29	67.16	5 392.28	

【拓展学习】

1.请结合专业知识、实践调研,调查不同门窗工程主材市场价格,特别是各类窗帘价格。

2.结合专业造价软件,用软件查询市场价格,编制门窗工程清单项目综合单价,提升职业技能水平。

【技能训练】

1.根据表5-24的内容在编制门窗工程清单项目的基础上,进一步计算各清单项目的综合单价。

表 5-24 某房屋门窗表

类型	门窗名称	洞口尺寸	数量	门窗类型	备注 1	备注 2
窗	C0712	700×1 200	32	92SJ704(95 系列) 白色塑钢推拉窗	6 厚热反射镀膜玻璃, 窗台高 0.9 m,双开	标准层
	C0812	800×1 200	32	92SJ704(95 系列) 白色塑钢推拉窗	6 厚热反射镀膜玻璃, 窗台高 0.9 m,双开	标准层
	C0912	900×1 200	96	92SJ704(95 系列) 白色塑钢推拉窗	6 厚热反射镀膜玻璃, 窗台高 1.2 m,双开	标准层
	PC1518	1 500×1 800	160	92SJ704(95 系列) 白色塑钢推拉窗	6 厚热反射镀膜玻璃, 窗台高 0.5 m,分隔见大样图	标准层
	PC1818	1 800×1 800	96	92SJ704(95 系列) 白色塑钢推拉窗	6 厚热反射镀膜玻璃, 窗台高 0.5 m,分隔见大样图	标准层
	C1515	1 500×1 500	36	92SJ704(95 系列) 白色塑钢平开窗	6 厚热反射镀膜玻璃, 窗台高 1.1 m,双开	楼梯间
	C2316	2 300×1 600	6	92SJ704(95 系列) 白色塑钢推拉窗	6 厚热反射镀膜玻璃, 窗台高 1.1 m,双开	一层
	BYC1616	1 600×1 600	1	白色铝合金	金属百叶窗,窗台高 1.8 m	一层
	BYC2316	2 300×1 600	2	白色铝合金	金属百叶窗,窗台高 1.8 m	一层
	BYC1215	1 200×1 500	4	白色铝合金	金属百叶窗	屋面
	BYC1024	1 000×2 400	64	白色铝合金百叶		标准层
	C1515	1 500×1 500	32	92SJ704(95 系列) 白色塑钢推拉窗	热反射镀膜玻璃	标准层

续表 5-24

类型	门窗名称	洞口尺寸	数量	门窗类型	备注 1	备注 2
门	M1021	1 000×2 100	4	普通木门		地下室
	TLM1524	1 500×2 400	64	白色塑钢推拉门	6 厚钢化玻璃	标准层
	TLM2424	2 400×2 400	64	白色塑钢推拉门		
	TLM3024	3 000×2 400	64	白色塑钢推拉门	6 厚钢化玻璃	标准层
	MLC1934	1 900×3 400	2	无框玻璃门连窗(定制)	10 厚安全玻璃(定制)	一层
	MLC4034	4 000×3 400	5	无框玻璃门连窗(定制)	10 厚安全玻璃(定制)	一层
	MLC6934	6 900×3 400	2	无框玻璃门连窗(定制)	10 厚安全玻璃(定制)	一层
	MLC4734	4 700×3 400	1	无框玻璃门连窗(定制)	10 厚安全玻璃(定制)	一层
	MLC2134	2 100×3 400	1	无框玻璃门连窗(定制)	10 厚安全玻璃(定制)	一层
	MLC1624	1 600×2 400	96	无框玻璃门连窗(定制)	6 厚热反射镀膜玻璃，窗台高 1 m	标准层
	甲FM1021	1 000×2 100	130	甲级防火门	消防部门认可产品(定制)	标准层、天面
	乙FM1021	1 000×2 100	38	乙级防火门	消防部门认可产品(定制)	标准层、天面
	甲FM1221	1 200×2 100	2	甲级防火门		天面
	乙FHM1221	1 200×2 100	2	乙级防火门		一层
	乙FHM1524	1 500×2 400	2	入口单元门	安装隐式闭门	
	丙FHM1508	1 500×800	32	丙级防火门	消防部门认可产品(定制)	

2. 依据实际建筑装饰施工图纸，编制相应的门窗工程清单项目的综合单价分析表，并完成报价。

【学后反思】

梳理本任务知识技能体系，构建知识图谱，参照附录 1 综合评价表完成自我评价，并完成一份学后反思总结。

项目6　油漆、涂料、裱糊工程

任务6.1　油漆、涂料、裱糊工程装饰项目类型

【任务描述】

依托“老人之家”项目，了解油漆、涂料、裱糊装饰工程的发展变革及类型，并依据“老人之家”项目图纸，列出相应的油漆、涂料、裱糊工程装饰类型清单的项目编码、项目名称、项目特征、计量单位。

【学习目标】

1. 培养用专业、美学和发展的眼光观察生活的能力。

2. 理解油漆、涂料、裱糊装饰工程各清单项目名称的具体含义，掌握油漆、涂料、裱糊工程的装饰清单项目划分。

3. 会列出油漆、涂料、裱糊装饰工程相应的清单项目，提高分类归纳和使用规范解决实际问题的能力。

4. 了解新型油漆、涂料、裱糊装饰材料和施工工艺，扩大专业视野，增强对新材料、新技术、新工艺的认知。

【思政要点】

1. 感知中国社会经济发展带来的居住环境的巨大变化，提高职业荣誉感和民族自豪感，激发学习探索新知识及献身祖国建设的热情。

2. 理解并掌握油漆、涂料、裱糊装饰清单项目划分的原理，增强规范意识，提高职业素养。

【任务分析】

1. 油漆、涂料、裱糊装饰工程的类型

(1)通过实地观察和调研，收集油漆、涂料、裱糊工程装饰的信息，探究常见的油漆、涂料、裱糊装饰类型，完成表6-1。

表 6-1　建筑部位油漆、涂料、裱糊装饰统计表

编号	建筑处所	部位	油漆、涂料、裱糊类型及装饰做法
1			
⋮			

(2)写一篇300字的综述。

2. 依据"老人之家"项目图纸,列出相应的油漆、涂料、裱糊工程各装饰类型清单的项目编码、项目名称、项目特征、计量单位。

(1)识读图纸,列出油漆、涂料、裱糊工程各装饰项目的具体做法。

(2)查阅《计算规范》中油漆、涂料、裱糊装饰工程各分项工程的清单项目,理解各清单项目的工作内容。

(3)将"老人之家"项目图纸中的油漆、涂料、裱糊装饰做法与《计算规范》中油漆、涂料、裱糊装饰工程的清单项目对应。

3. 难点

提取图纸中油漆、涂料、裱糊装饰工程关键的做法信息,与《计算规范》中的油漆、涂料、裱糊清单项目对应。

【知识资源】

6.1.1　油漆、涂料、裱糊装饰工程的发展变革

6.1.1.1　油漆、涂料的发展历史和变革

我国是发展油漆最早的国家之一,所取得的成就显示出我国人民的聪明智慧。尤其漆器是我国古代在化学工艺及工艺美术方面的重要发明,像陶瓷和丝绸一样,我国古代漆器已成为民族文化的瑰宝。

涂料的第一个发展阶段是天然成膜物质涂料的使用。我国是世界上最早使用天然成膜物质涂料——大漆的国家。

第二个发展阶段是涂料工业的形成阶段。在这个时期亚麻油、熟油的大量生产和应用,促使清漆和色漆的品种发展迅速。

随着科学技术的不断进步,不断涌现出各种合成树脂,涂料生产发展到了一个崭新的历史时期,即合成成膜物质时期。

现在涂料正步向一个新的阶段，涂料业向节省资源、能源及环保、有利于生态平衡的方向发展。

6.1.1.2　裱糊材料的发展历史和变革

装饰工程中常用的裱糊材料是壁纸和墙布。早在我国的唐代，就有人在纸张上绘图来装饰墙面。随着印刷技术和新材料的发展，墙纸的品种、花色等先后经历了纯纸、纸上涂画、发泡纸、印花纸、对版压花纸、特殊工艺纸的发展变化过程。

6.1.2　油漆、涂料、裱糊工程清单项目划分

油漆、涂料、裱糊装饰工程清单项目设置，应按《计算规范》中附表P.1~P.8的规定执行。

(1)表P.1是关于门油漆的清单项目，应用中须注意：

①木门油漆应区分木大门、单层木门、双层(一玻一纱)木门、双层(单裁口)木门、全玻自由门、半玻自由门、装饰门及有框门或无框门等项目，分别编码列项。

②金属门油漆应区分平开门、推拉门、钢制防火门列项。

③以平方米计量，项目特征可不必描述洞口尺寸。

(2)表P.2是关于窗油漆的清单项目，应用中须注意：

①木窗油漆应区分单层木窗、双层(一玻一纱)木窗、双层框扇(单裁口)木窗、双层框三层(二玻一纱)木窗、单层组合窗、双层组合窗、木百叶窗、木推拉窗等项目，分别编码列项。

②金属窗油漆应区分平开窗、推拉窗、固定窗、组合窗、金属隔栅窗分别列项。

③以平方米计量，项目特征可不必描述洞口尺寸。

(3)表P.3是关于木扶手和线条油漆的清单项目。应用中须注意木扶手应区分带托板与不带托板，分别编码列项，若是木栏杆带扶手，木扶手不应单独列项，应包含在木栏杆油漆中。

(4)表P.4是关于木材面油漆的清单项目。

(5)表P.5为金属面油漆(011405001)的清单项目。

(6)表P.6是关于抹灰面油漆的清单项目。

(7)表P.7是关于喷刷涂料的清单项目，应用中须注意喷刷墙面涂料部位要注明内墙或外墙。

(8)表P.8是关于裱糊工程的清单项目。

【任务解析】

1.识读“老人之家”平面图、立面索引图、各房间立面图和构造做法表，按房间部位列出油漆、涂料、裱糊工程项目的装饰类型，见表6-2。

表 6-2　房间各部位油漆、涂料、裱糊工程装饰项目表

编号	房间	部位/图号	油漆装饰做法	涂料装饰做法	裱糊装饰做法
1	阅读书画室	A 立面、木作假梁		大芯板刷防火涂料三遍	
2		A 立面、木作假梁		假梁石膏板批二遍腻子刷白色乳胶漆二遍	
3		A 立面		隔墙石膏板批二遍腻子刷白色乳胶漆二遍	
4		B 立面		隔墙石膏板批二遍腻子刷白色乳胶漆二遍	
5		C 立面		抹灰墙批二遍腻子刷白色乳胶漆二遍	
6		D 立面		抹灰墙批二遍腻子刷白色乳胶漆二遍	
7		窗帘盒，C、D 立面		大芯板刷防火涂料三遍	
8		窗帘盒，C、D 立面		石膏板面批二遍腻子刷白色乳胶漆二遍	
9	娱乐室	木作假梁、A 立面		大芯板刷防火涂料三遍	
10		木作假梁、A 立面		假梁石膏板批二遍腻子刷白色乳胶漆二遍	
11		A 立面		隔墙石膏板批二遍腻子刷白色乳胶漆二遍	
12		A 立面		抹灰墙批二遍腻子刷白色乳胶漆二遍	
13		B 立面		隔墙石膏板批二遍腻子刷白色乳胶漆二遍	
14		B 立面		抹灰柱批二遍腻子刷白色乳胶漆二遍	
15		C 立面		抹灰墙批二遍腻子刷白色乳胶漆二遍	
16		D 立面		隔墙石膏板批二遍腻子刷白色乳胶漆二遍	
17		D 立面		抹灰柱批二遍腻子刷白色乳胶漆二遍	
18		窗帘盒，C、D 立面		大芯板刷防火涂料三遍	
19		窗帘盒，C、D 立面		石膏板面批二遍腻子刷白色乳胶漆二遍	
20	培训室	图 07、A 立面		天花上部墙喷黑色乳胶漆三遍	
21		图 07(天棚)、A 立面		天花上部顶喷黑色乳胶漆三遍	
22		图 07(吊顶)		吊顶石膏板批腻子二遍刷白色乳胶漆二遍	
23		木作假梁、A 立面		大芯板刷防火涂料三遍	
24		木作假梁、A 立面		假梁石膏板批二遍腻子刷白色乳胶漆二遍	
25		A 立面		隔墙石膏板批二遍腻子刷白色乳胶漆二遍	
26		A 立面		抹灰柱批二遍腻子刷白色乳胶漆二遍	
27		B 立面		隔墙石膏板批二遍腻子刷白色乳胶漆二遍	
28		B 立面		抹灰柱批二遍腻子刷白色乳胶漆二遍	
29		C 立面		抹灰柱批二遍腻子刷白色乳胶漆二遍	
30		D 立面			隔墙石膏板批二遍腻子贴墙布
31		窗帘盒，C、D 立面		大芯板刷防火涂料三遍	
32		窗帘盒，C、D 立面		石膏板面批二遍腻子刷白色乳胶漆二遍	
33		独立柱		抹灰柱批二遍腻子刷白色乳胶漆二遍	

续表 6-2

编号	房间	部位/图号	油漆装饰做法	涂料装饰做法	裱糊装饰做法
34		A 立面		隔墙石膏板批二遍腻子刷白色乳胶漆二遍	
35		B 立面		隔墙石膏板批二遍腻子刷白色乳胶漆二遍	
36		B 立面		抹灰柱批二遍腻子刷白色乳胶漆二遍	
37	活动室	C 立面		抹灰墙批二遍腻子刷白色乳胶漆二遍	
38		D 立面		隔墙石膏板批二遍腻子刷白色乳胶漆二遍	
39		窗帘盒,C、D 立面		大芯板刷防火涂料三遍	
40		窗帘盒,C、D 立面		石膏板面批二遍腻子刷白色乳胶漆二遍	
41		独立柱		抹灰柱批二遍腻子刷白色乳胶漆二遍	
42		木作假梁、A 立面		大芯板刷防火涂料三遍	
43		木作假梁、A 立面		石膏板面批二遍腻子刷白色乳胶漆二遍	
44	棋牌室	A 立面		抹灰柱批二遍腻子刷白色乳胶漆二遍	
45		B 立面		抹灰墙批二遍腻子刷白色乳胶漆二遍	
46		C 立面		隔墙石膏板批二遍腻子刷白色乳胶漆二遍	
47		D 立面		隔墙石膏板批二遍腻子刷白色乳胶漆二遍	
48	洗手区	图 07		吊顶石膏板批二遍腻子刷白色乳胶漆二遍	
49		图 07		吊顶石膏板批二遍腻子刷白色乳胶漆二遍	
50		A 立面		抹灰墙批二遍腻子刷白色乳胶漆二遍	
51	走廊	B 立面		抹灰墙批二遍腻子刷白色乳胶漆二遍	
52		C 立面		抹灰柱批二遍腻子刷白色乳胶漆二遍	
53		C 立面		隔墙石膏板批二遍腻子刷白色乳胶漆二遍	
54		B 立面		隔墙石膏板批二遍腻子刷白色乳胶漆二遍	
55	门厅	C 立面		隔墙石膏板批二遍腻子刷白色乳胶漆二遍	
56		D 立面		隔墙石膏板批二遍腻子刷白色乳胶漆二遍	
57		B/C 立面		隔墙水泥砂浆批二遍腻子刷白色乳胶漆二遍	
58	前厅	D 立面		抹灰墙批二遍腻子刷白色乳胶漆二遍	
59		独立柱		包柱石膏板批二遍腻子刷白色乳胶漆二遍	

2. 将“老人之家”图纸中的相关油漆、涂料、裱糊的装饰内容按清单规范要求分类汇总,确定项目名称、项目编码、计量单位,描述项目特征,见表 6-3。

表 6-3　油漆、涂料、裱糊装饰工程清单项目表

序号	项目编码	项目名称	项目特征	计量单位
1	011407001001	墙面喷刷涂料	1. 墙柱水泥砂浆抹灰基层； 2. 批二遍腻子刷白色乳胶漆二遍	m^2
2	011407001002	墙面喷刷涂料	1. 隔墙等石膏板基层； 2. 批二遍腻子刷白色乳胶漆二遍	m^2
3	011407001003	墙面喷刷涂料	1. 墙柱水泥砂浆抹灰基层； 2. 喷黑色乳胶漆三遍	m^2
4	011407002001	天棚喷刷涂料	1. 吊顶石膏板基层； 2. 批二遍腻子刷白色乳胶漆二遍	m^2
5	011407002002	天棚喷刷涂料	1. 结构天棚水泥砂浆抹灰基层； 2. 喷黑色乳胶漆三遍	m^2
6	011403002001	窗帘盒油漆	1. 大芯板封石膏板基层； 2. 批二遍腻子刷白色乳胶漆二遍	m
7	011407006001	木材构件喷刷防火涂料	1. 大芯板刷防火涂料三遍	m^2
8	011408001001	墙纸裱糊	1. 隔墙石膏板基层； 2. 批二遍腻子贴墙布	m^2

注：饰面喷刷乳胶漆项目，石膏板基层可以合并在抹灰工程基层项目中计算。

具体分析如下：

(1)根据图纸提供的做法表、图纸文字标注及图集常规做法，依据清单规范描述每一个分项工程的项目特征。

(2)“隔墙石膏板批二遍腻子刷白色乳胶漆二遍”“抹灰柱批二遍腻子刷白色乳胶漆二遍”“抹灰墙批二遍腻子刷白色乳胶漆二遍”与“天花上部墙喷黑色乳胶漆三遍”项目，通过查找清单规范对比做法表和图纸文字标注，应选用附表 P.7 中“011407001，墙面喷刷涂料”清单项目。为便于区别，将“水泥砂浆抹灰基层”“隔墙石膏板基层”与“天花上部墙喷黑色乳胶漆”分别列项。

(3)“吊顶石膏板批二遍腻子刷白色乳胶漆二遍”“假梁石膏板批二遍腻子刷白色乳胶漆二遍”与“天花上部顶喷黑色乳胶漆三遍”项目，通过查找清单规范对比做法表和图纸文字标注，应选用附表 P.7 中“011407002，天棚喷刷涂料”清单项目。由于构造不同，为便于区分，将“吊顶、假梁石膏板批腻子刷乳胶漆”与“天花上部顶喷黑色乳胶漆”分别列项。

(4)“窗帘盒石膏板面批二遍腻子刷白色乳胶漆二遍”项目，通过查找清单规范对比做法表和图纸文字标注，应选用附表 P.3 中“011403002，窗帘盒油漆”清单项目。

(5)“大芯板刷防火涂料三遍”项目，通过查找清单规范对比做法表和图纸文字标注，应选用附表 P.7 中“011407006，木材构件喷刷防火涂料”清单项目。

(6)“隔墙石膏板批二遍腻子贴墙布”项目，通过查找清单规范对比做法表和图纸文字标注，应选用附表 P.8 中“011408001，墙纸裱糊”清单项目。

【拓展学习】

1.《“十四五”建筑业发展规划》(建市〔2022〕11号)提出“推广绿色建造方式”“深化工程造价改革”等目标任务。请结合专业知识,谈谈油漆、涂料、裱糊装饰工程项目计量计价应如何适应新形势的发展需要。

2.“双碳”目标下,人们都在向自然、环保、健康、低碳方向前行,通过实践调研、信息检索,了解新型油漆、涂料、裱糊装饰材料,思考如何编制新型油漆、涂料、裱糊装饰的清单项目。

【技能训练】

一、基础技能

根据提供的某装修工程项目的图纸信息,列出相应的油漆、涂料、裱糊装饰类型的清单项目编码、项目名称、项目特征、计量单位。

会议厅图纸中油漆、涂料、裱糊做法说明如下:

(1)单扇平开门(800×2 100)、对开实木门(1 500×2 100),油聚酯清漆八遍。

(2)墙面花梨木饰面板,油仿红木色硝基清漆六遍。

(3)墙面批腻子三遍,刷基膜一道,粘贴对花壁纸。

(4)轻钢龙骨纸面石膏板吊顶,批腻子三遍刷乳胶漆三遍。

(5)墙面实木装饰挂镜线(120 mm宽),油仿红木色硝基清漆六遍。

(6)会议厅主席台上方吊挂型钢制作的栅顶葡萄架,钢架油黑色聚氨酯漆三遍。

(7)墙面双向木龙骨(40×40)架刷防火涂料两遍。

二、提高技能

根据实际建筑装饰施工图纸,列出相应的油漆、涂料、裱糊工程的清单项目编码、项目名称、项目特征、计量单位。

【学后反思】

梳理本任务知识技能体系,构建知识图谱,参照附录1综合评价表完成自我评价,并完成一份学后反思总结。

任务6.2　油漆、涂料、裱糊工程清单项目编制

【任务描述】

依据“老人之家”项目图纸,编制油漆、涂料、裱糊工程清单项目。

【学习目标】

1. 理解油漆、涂料、裱糊装饰工程的工程量计算规则内涵,提高使用规范的学习能力。

2. 会计算油漆、涂料、裱糊装饰工程的清单工程量,能完成清单项目的编制。

3. 培养遵纪守规的职业道德,增强爱岗敬业的劳动态度。

【思政要点】

1. 采用思维导图的方式梳理油漆、涂料、裱糊装饰工程的工程量计算规则,培养学生积极主动用新方法学习新知识、新技能的兴趣和习惯。

2. 培养学生的规范意识,做遵守法律法规、遵守职业道德、遵守校规校纪、遵守社会公德的好公民。

【任务分析】

1. 油漆、涂料、裱糊工程清单项目编制

(1)依据《计算规范》附录 P. 1~P. 8,梳理油漆、涂料、裱糊工程量计算规则要点。

(2)结合任务 6.1 列出的"老人之家"工程的油漆、涂料、裱糊工程清单项目,根据"老人之家"功能分割尺寸图和相应各房间的立面图、天花图,确定相应的油漆、涂料、裱糊部位的尺寸。

(3)按规范工程量计算规则要求计算"老人之家"工程的油漆、涂料、裱糊清单工程量,并完成清单项目的编制。

2. 难点

(1)识读图纸设计说明和构造做法一览表及各房间的立面图、天花图,判断有关油漆、涂料、裱糊构造做法的边界尺寸问题,确定相应部位的尺寸。

(2)同一材质和做法,对不同部位、不同基层和不同构造层次的项目应区分不同的清单项目,单独列项独立计算。

【知识资源】

6.2.1 油漆、涂料、裱糊装饰工程清单项目

参照《计算规范》中表 P. 1 ~ P. 8 解析油漆、涂料、裱糊装饰工程清单工程量计算规则。

6.2.1.1 术语

水性涂料:是以水为稀释剂、不含有机溶剂的涂料。

外墙涂料:用于涂刷建筑外立面的涂料。外墙涂料要求具有抗老化性、抗水性,高附着力和耐腐蚀性,有些还有自涤性。

界面剂:一种胶黏剂,一般都是由醋酸乙烯—乙烯制成的。通常用于混凝土表面,可以使基层表面变得粗糙、可增加对基层的黏结力、避免抹灰层空鼓起壳。

基膜:一种专业抗碱、防潮、防霉的墙面处理材料。

6.2.1.2 油漆、涂料、裱糊工程清单工程量计算思维导图

油漆、涂料工程清单工程量计算思维导图如图 6-1 所示，裱糊工程清单工程量计算思维导图如图 6-2 所示。

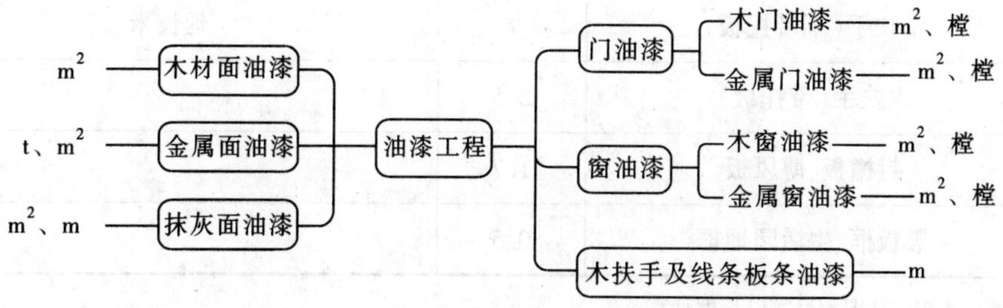

图 6-1 油漆、涂料工程清单工程量计算思维导图

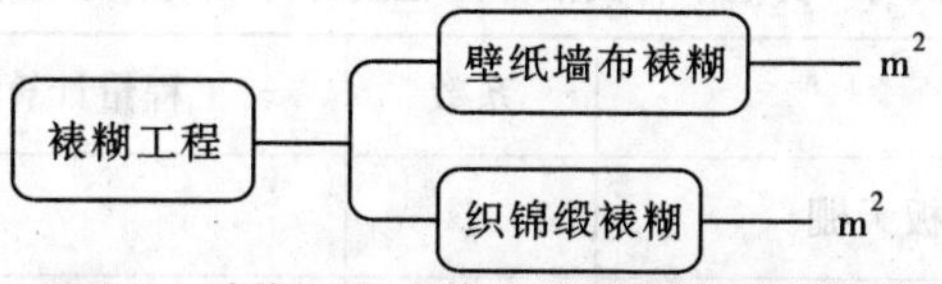

图 6-2 裱糊工程清单工程量计算思维导图

6.2.1.3 油漆、涂料、裱糊装饰工程清单工程量计算规则及计算公式

(1)执行单层木门油漆的项目，其工程量计算规则及相应系数见表 6-4。

表 6-4 木门油漆工程量计算规则和系数表

项目		系数	工程量计算规则（设计图示尺寸）
1	单层木门	1	门洞口面积
2	单层半玻门	0.85	
3	单层全玻门	0.75	
4	半截百叶门	1.5	
5	全百叶门	1.7	
6	厂库房大门	1.1	
7	纱门扇	0.8	
8	特种门(包括冷藏门)	1	
9	装饰门扇	0.9	扇外围尺寸面积
10	间壁、隔断	1	单面外围面积
11	玻璃间壁露明墙筋	0.8	
12	木栅栏、木栏杆(带扶手)	0.9	

注：多面涂刷按单面计算工程量。

(2)执行木扶手(不带托板)油漆的项目,其工程量计算规则及相应系数见表6-5。

表6-5 木扶手油漆工程量计算规则和系数表

项目		系数	工程量计算规则(设计图示尺寸)
1	木扶手(不带托板)	1	延长米
2	木扶手(带托板)	2.5	
3	封檐板、博风板	1.7	
4	黑板框、生活园地框	0.5	

注:木线条油漆按设计图示尺寸以长度计算。

(3)执行其他木材面油漆的项目,其工程量计算规则及相应系数见表6-6。

表6-6 其他木材面油漆工程量计算规则和系数表

项目		系数	工程量计算规则(设计图示尺寸)
1	木板、胶合板天棚	1	长×宽
2	屋面板带檩条	1.1	斜长×宽
3	清水板条檐口天棚	1.1	长×宽
4	吸音板(墙面或天棚)	0.87	
5	鱼鳞板墙	2.4	长×宽
6	木护墙、木墙裙、木踢脚	0.83	
7	窗台板、窗帘盒	0.83	
8	出入口盖板、检查口	0.87	
9	壁橱	0.83	展开面积
10	木屋架	1.77	跨度(长)×中高×1/2
11	以上未包括的其余木材面油漆	0.83	展开面积

注:1. 木地板油漆按设计图示尺寸以面积计算,空洞、空圈、暖气包槽、壁龛的开口部分并入相应的工程量内。
2. 木龙骨刷防火、防腐涂料按设计图示尺寸以龙骨架投影面积计算。
3. 基层板刷防火、防腐涂料按实际涂刷面积计算。
4. 油漆面抛光打蜡按相应刷油部位油漆工程量计算规则计算。

(4)执行金属面油漆、涂料项目,其工程量按设计图示尺寸以展开面积计算。质量在500 kg以内的单个金属构件,可参考表6-7相应的系数,将质量(t)折算为面积。

表 6-7 质量折算面积参考系数

项目		系数
1	钢栅栏门、栏杆、窗栅	64.98
2	钢爬梯	44.84
3	踏步式钢扶梯	39.9
4	轻型屋架	53.2
5	零星铁件	58

(5)执行金属平板屋面、镀锌铁皮面(涂刷磷化、锌黄底漆)油漆的项目,其工程量计算规则及相应的系数见表6-8。

表 6-8 平板屋面油漆工程量计算规则和系数

项目		系数	工程量计算规则(设计图示尺寸)
1	平板屋面	1	斜长×宽
2	瓦垄板屋面	1.2	
3	排水、伸缩缝盖板	1.05	展开面积
4	吸气罩	2.2	水平投影面积
5	包镀锌薄钢板门	2.2	门窗洞口面积

注:多面涂刷按单面计算工程量。

(6)抹灰面油漆、涂料工程。

①抹灰面油漆、涂料(另做说明的除外)按设计图示尺寸以面积计算。

②踢脚线刷耐磨漆按设计图示尺寸长度计算。

③槽形底板、混凝土折瓦板、有梁板底、密肋梁板底、井字梁板底刷油漆、涂料按设计图示尺寸展开面积计算。

④墙面及天棚面刷石灰油浆、白水泥、石灰浆、石灰大白浆、普通水泥浆、可赛银浆、大白浆等涂料工程量按抹灰面积工程量计算规则。

⑤混凝土花格窗、栏杆花饰刷(喷)油漆、涂料按设计图示洞口面积计算。

⑥天棚、墙、柱面基层板缝粘贴胶带纸按相应天棚、墙、柱面基层板面积计算。

(7)裱糊工程。

墙面、天棚面裱糊按设计图示尺寸裱糊面积计算。

【任务解析】

1. 识读"老人之家"项目立面索引图、各房间立面图、天花图以及构造做法一览表,结合任务6.1列出的油漆、涂料、裱糊装饰工程的清单项目,确定油漆、涂料、裱糊装饰的部位尺寸,见表6-9。

表 6-9　油漆、涂料、裱糊装饰工程部位尺寸

编号	房间	部位/图号	油漆装饰做法	涂料装饰做法	裱糊装饰做法	油漆装饰尺寸/面积（m/m²）	涂料装饰尺寸/面积（m/m²）	裱糊装饰尺寸/面积（m/m²）
1	阅读书画室	A 立面、木作假梁		大芯板刷防火涂料三遍			$4.2\times(0.48+0.12)\times2=5.04(m^2)$	
2		A 立面、木作假梁		假梁石膏板批二遍腻子刷白色乳胶漆二遍			$4.2\times(0.38+0.12)=2.1(m^2)$	
3		A 立面		隔墙石膏板批二遍腻子刷白色乳胶漆二遍			$2.7\times1.26-(2.15\times0.9)=1.467(m^2)$	
4		B 立面		隔墙石膏板批二遍腻子刷白色乳胶漆二遍			$7.25\times3.08=22.33(m^2)$	
5		C 立面		抹灰墙批二遍腻子刷白色乳胶漆二遍			$(6.5+0.3)\times3.38-(1.46\times3.1+2.1\times2.16)=13.922(m^2)$	
6		D 立面		抹灰墙批二遍腻子刷白色乳胶漆二遍			$(3.68+4.87)\times3.08=26.33(m^2)$	
7		窗帘盒，C、D 立面		大芯板刷防火涂料三遍			$L=6.5$ m $S=(0.3+0.2)\times6.5=3.25(m^2)$	
8		窗帘盒，C、D 立面		石膏板面批二遍腻子刷白色乳胶漆二遍			$S=(0.3+0.2)\times6.5=3.25(m^2)$	
9	娱乐室	木作假梁、A 立面		大芯板刷防火涂料三遍			$6.5\times(0.5+0.12)\times2=8.06(m^2)$	
10		木作假梁、A 立面		假梁石膏板批二遍腻子刷白色乳胶漆二遍			$6.5\times(0.4+0.12)=3.38(m^2)$	
11		A 立面		隔墙石膏板批二遍腻子刷白色乳胶漆二遍			$2.2\times2.7-1.7\times2.15=2.285(m^2)$	

续表 6-9

编号	房间	部位/图号	油漆装饰做法	涂料装饰做法	裱糊装饰做法	油漆装饰尺寸/面积（m/m^2）	涂料装饰尺寸/面积（m/m^2）	裱糊装饰尺寸/面积（m/m^2）
12	娱乐室	A 立面		抹灰柱批二遍腻子刷白色乳胶漆二遍			0.43×3.1×2=2.67（m^2）	
13	娱乐室	B 立面		隔墙石膏板批二遍腻子刷白色乳胶漆二遍			（1.1+5.27）×3.1=19.75（m^2）	
14	娱乐室	B 立面		抹灰柱批二遍腻子刷白色乳胶漆二遍			（0.5+0.38+0.86）×3.1=5.39（m^2）	
15	娱乐室	C 立面		抹灰墙批二遍腻子刷白色乳胶漆二遍			7.36×（0.94+0.3）=9.13（m^2）	
16	娱乐室	D 立面		隔墙石膏板批二遍腻子刷白色乳胶漆二遍			（1.2+5.17）×3.1=19.75（m^2）	
17	娱乐室	D 立面		抹灰柱批二遍腻子刷白色乳胶漆二遍			（0.5+0.38+0.86）×3.1=5.39（m^2）	
18	娱乐室	窗帘盒，C、D 立面		大芯板刷防火涂料三遍			L=6.5 m S=（0.3+0.2）×6.5=3.25（m^2）	
19	娱乐室	窗帘盒，C、D 立面		石膏板面批二遍腻子刷白色乳胶漆二遍			S=（0.3+0.2）×6.5=3.25（m^2）	
20	培训室	图 07、A 立面		天花上部墙喷黑色乳胶漆三遍			（45.56+2.1×2）×0.62=30.85（m^2）	
21	培训室	图 07（天棚）、A 立面		天花上部顶喷黑色乳胶漆三遍			14.73×7.27=107.09（m^2）	
22	培训室	图 07（吊顶）		吊顶石膏板批腻子二遍刷白色乳胶漆二遍			14.73×7.27−73.22+37.3×0.1=37.3（m^2）	

续表 6-9

编号	房间	部位/图号	油漆装饰做法	涂料装饰做法	裱糊装饰做法	油漆装饰尺寸/面积（m/m²）	涂料装饰尺寸/面积（m/m²）	裱糊装饰尺寸/面积（m/m²）
23	培训室	木作假梁、A 立面		大芯板刷防火涂料三遍			6.5×2×(0.48+0.12)×2 =15.6(m²)	
24		木作假梁、A 立面		假梁石膏板批二遍腻子刷白色乳胶漆二遍			6.5×2×(0.38+0.12)=6.5(m²)	
25		A 立面		隔墙石膏板批二遍腻子刷白色乳胶漆二遍			0.63×3.7 =2.331(m²)	
26		A 立面		抹灰柱批二遍腻子刷白色乳胶漆二遍			2.98×2.98 =8.88(m²)	
27		B 立面		隔墙石膏板批二遍腻子刷白色乳胶漆二遍			7.25×2.98 =21.605(m²)	
28		C 立面		砌体墙批二遍腻子刷白色乳胶漆二遍			14.73×0.84 =12.37(m²)	
29		D 立面			隔墙石膏板批二遍腻子贴墙布			7.27×2.98 =21.67(m²)
30		窗帘盒，C 立面		大芯板刷防火涂料三遍			L=14.73 m S=(0.3+0.2)×14.73=7.37(m²)	
31		窗帘盒，C 立面		石膏板面批二遍腻子刷白色乳胶漆二遍			S=(0.3+0.2)×14.73=7.37(m²)	
32		独立柱		抹灰柱批二遍腻子刷白色乳胶漆二遍			2.1×2.98×2 =12.516(m²)	

续表 6-9

编号	房间	部位/图号	油漆装饰做法	涂料装饰做法	裱糊装饰做法	油漆装饰尺寸/面积（m/m^2）	涂料装饰尺寸/面积（m/m^2）	裱糊装饰尺寸/面积（m/m^2）
33	活动室	A立面		隔墙石膏板批二遍腻子刷白色乳胶漆二遍			7.89×3.1−0.9×2.15 =22.524（m^2）	
34	活动室	B立面		隔墙石膏板批二遍腻子刷白色乳胶漆二遍			2.81×3.1 =8.71（m^2）	
35	活动室	B立面		抹灰墙批二遍腻子刷白色乳胶漆二遍			3.2×3.1 =9.92（m^2）	
36	活动室	C立面		抹灰墙批二遍腻子刷白色乳胶漆二遍			7.89×3.4+0.26×3.4−1.46×3.1−1.55×2.16=19（m^2）	
37	活动室	D立面		隔墙石膏板批二遍腻子刷白色乳胶漆二遍			5.95×3.1 =18.45（m^2）	
38	活动室	窗帘盒，C立面		大芯板刷防火涂料三遍			L=7.89 m S=（0.3+0.2）×7.89=3.95（m^2）	
39	活动室	窗帘盒，C立面		石膏板面批二遍腻子刷白色乳胶漆二遍			S=（0.3+0.2）×7.89 =3.95（m^2）	
40	活动室	独立柱		抹灰柱批二遍腻子刷白色乳胶漆二遍			2.1×3.1 =6.51（m^2）	
41	活动室	木作假梁、A立面		大芯板刷防火涂料三遍			（1.43+2.19）×（0.4+0.12）×2=3.76（m^2）	
42	棋牌室	木作假梁、A立面		石膏板面批二遍腻子刷白色乳胶漆二遍			（1.43+2.19）×（0.3+0.12）=1.52（m^2）	
43	棋牌室	A立面		抹灰柱批二遍腻子刷白色乳胶漆二遍			（1.31+0.16）×3.0 =4.41（m^2）	

续表 6-9

编号	房间	部位/图号	油漆装饰做法	涂料装饰做法	裱糊装饰做法	油漆装饰尺寸/面积（m/m²）	涂料装饰尺寸/面积（m/m²）	裱糊装饰尺寸/面积（m/m²）
44	棋牌室	B 立面		抹灰墙批二遍腻子刷白色乳胶漆二遍			3.99×3.0 =11.97(m²)	
45	棋牌室	C 立面		隔墙石膏板批二遍腻子刷白色乳胶漆二遍			4.33×3.0= 12.99(m²)	
46	棋牌室	D 立面		隔墙石膏板批二遍腻子刷白色乳胶漆二遍			3.99×3.0−0.9×2.15 =10.035(m²)	
47	洗手区	图 07		吊顶石膏板批二遍腻子刷白色乳胶漆二遍			5.08×1.68 =8.53(m²)	
48	走廊	图 07		吊顶石膏板批二遍腻子刷白色乳胶漆二遍			73.74+43.58×0.3 =86.81(m²)	
49	走廊	A 立面		抹灰墙批二遍腻子刷白色乳胶漆二遍			42.04×2.7−37.17× 1.76=48.089(m²)	
50	走廊	B 立面		抹灰墙批二遍腻子刷白色乳胶漆二遍			1.25×2.7−1×2.05 =1.325(m²)	
51	走廊	C 立面		抹灰柱批二遍腻子刷白色乳胶漆二遍			(0.55×5+0.16)×2.7 =7.857(m²)	
52	走廊	C 立面		隔墙石膏板批二遍腻子刷白色乳胶漆二遍			(1.36+2.2+1.3+0.12)× 2.7−(0.9+1.7)× 2.15+(34.64−3.44)× 0.3=17.216(m²)	

续表 6-9

编号	房间	部位/图号	油漆装饰做法	涂料装饰做法	裱糊装饰做法	油漆装饰尺寸/面积（m/m²）	涂料装饰尺寸/面积（m/m²）	裱糊装饰尺寸/面积（m/m²）
53	门厅	B立面		隔墙石膏板批二遍腻子刷白色乳胶漆二遍			$1.3\times2.9-0.9\times2.15=1.835(m^2)$	
54	门厅	C立面		隔墙石膏板批二遍腻子刷白色乳胶漆二遍			$3.44\times2.9-0.9\times2.15=8.041(m^2)$	
55	门厅	D立面		隔墙石膏板批二遍腻子刷白色乳胶漆二遍			$1.3\times2.9=3.77(m^2)$	
56	前厅	B/C立面		隔墙水泥砂浆批二遍腻子刷白色乳胶漆二遍			$8.69\times2.7-3.28\times2.5=15.263(m^2)$	
57	前厅	D立面		抹灰墙批二遍腻子刷白色乳胶漆二遍			$4.25\times2.7-1\times2.15=9.325(m^2)$	
58	前厅	独立柱		包柱石膏板批二遍腻子刷白色乳胶漆二遍			$3.968\times2.7=10.714(m^2)$	
59		独立柱		包柱细木工板刷防火涂料二遍			$3.968\times2.7=10.714(m^2)$	

2. 根据油漆、涂料、裱糊装饰工程量计算规则，计算相应部位的油漆、涂料、裱糊装饰工程量。

根据油漆、涂料、裱糊施工的构造做法、材料、基层、部位等不同要素，将表6-9中的油漆、涂料、裱糊装饰项目分为“水泥砂浆抹灰基层刷白色乳胶漆”“隔墙石膏板刷白色乳胶漆”“天棚喷黑色乳胶漆”“墙面喷黑色乳胶漆”“吊顶石膏板刷白色乳胶漆”“木板刷防火涂料”“窗帘盒刷白色乳胶漆”和“裱糊壁纸墙布”，分别归类计算工程量如下：

水泥砂浆抹灰基层刷白色乳胶漆工程量：

$$S_{抹灰基层乳胶漆}=13.922+26.33+2.67+5.39+9.13+5.39+8.88+12.37+12.516+9.92+6.51+4.41+11.97+48.089+1.325+7.857+9.325=237.32(m^2)$$

隔墙石膏板刷白色乳胶漆工程量：

$S_{隔墙石膏板乳胶漆}=1.467+22.33+2.285+19.75+19.75+2.331+21.605+22.524+8.71+18.45+12.99+10.035+17.216+1.835+8.041+3.77+10.714=203.80(m^2)$

天棚喷黑色乳胶漆工程量：

$$S_{天棚直喷乳胶漆}=107.09\ m^2$$

墙面喷黑色乳胶漆工程量：

$$S_{墙面直喷乳胶漆}=30.85\ m^2$$

吊顶石膏板刷白色乳胶漆工程量：

假梁乳胶漆工程量合并在吊顶乳胶漆工程量中计算。

$$S_{吊顶乳胶漆}=2.1+3.38+37.3+6.5+1.52+8.53+86.81=146.14(m^2)$$

窗帘盒刷白色乳胶漆工程量：

$$L_{窗帘盒}=6.5+6.5+14.73+7.89=35.62(m)$$

$$S_{窗帘盒乳胶漆}=3.25+3.25+7.37+3.95=17.82(m^2)$$

木板刷防火涂料工程量：

$$S_{木板防火涂料}=5.04+3.25+8.06+3.25+15.6+7.37+3.95+3.76+10.714=60.99(m^2)$$

裱糊壁纸墙布工程量：

$$S_{壁纸墙布}=21.67\ m^2$$

3. 根据《计算规范》编制油漆、涂料、裱糊装饰项目工程量清单，见表6-10。

表6-10　油漆、涂料、裱糊项目工程量清单

序号	项目编码	项目名称	项目特征描述	计量单位	工程量	金额/元		
						综合单价	合价	其中 暂估价
1	011407001001	墙面喷刷涂料	1. 墙柱水泥砂浆抹灰基层 2. 批二遍腻子刷白色乳胶漆二遍	m^2	237.32			
2	011407001002	墙面喷刷涂料	1. 隔墙等石膏板基层 2. 批二遍腻子刷白色乳胶漆二遍	m^2	203.80			
3	011407001003	墙面喷刷涂料	1. 墙柱水泥砂浆抹灰基层 2. 喷黑色乳胶漆三遍(无腻子)	m^2	30.85			
4	011407002001	天棚喷刷涂料	1. 吊顶石膏板基层 2. 批二遍腻子刷白色乳胶漆二遍	m^2	146.14			
5	011407002002	天棚喷刷涂料	1. 结构天棚水泥砂浆抹灰基层 2. 喷黑色乳胶漆三遍(无腻子)	m^2	107.09			
6	011403002001	窗帘盒油漆	1. 大芯板封石膏板基层 2. 批二遍腻子刷白色乳胶漆二遍	m	35.62			
7	011407006001	木材构件喷刷防火涂料	1. 大芯板刷防火涂料三遍	m^2	60.99			
8	011408001001	墙纸裱糊	1. 隔墙石膏板基层 2. 批二遍腻子贴墙布	m^2	21.67			

【拓展学习】

1. 请结合专业知识，谈谈装配式建造方式下的油漆、涂料和裱糊工程施工工艺与传统建造方式下的油漆、涂料及裱糊工程施工工艺的异同。

2. 请通过市场调研、信息检索等方式，了解常见油漆、涂料和裱糊工程所用的材料及相应的价格。

3. 结合专业工程量计算软件，用软件计算油漆、涂料和裱糊工程量，提升职业技能水平。

【技能训练】

一、基础技能

1.【单选题】 附着安装在同材质装饰面上的木线条、石膏线条等油漆、涂料，与装饰面同色者(　　)装饰面计算；与装饰面分色者，单独计算。

A. 并入　　B. 单独于

2.【单选题】 附墙柱抹灰面喷刷油漆、涂料、裱糊，按(　　)相应项目执行；独立柱抹灰面喷刷油漆、涂料、裱糊，按(　　)相应项目执行，其中人工乘以系数 1.2。

A. 墙面，墙面　　B. 墙面，柱面　　C. 柱面，柱面　　D. 柱面，墙面

3.【单选题】 纸面石膏板等装饰板材面刮腻子刷油漆、涂料，按(　　)刮腻子刷油漆、涂料相应项目执行。

A. 抹灰面　　B. 矿物质面　　C. 木材面　　D. 金属面

4.【单选题】 门窗套、窗台板、腰线、压顶、扶手（栏板上扶手）等抹灰面刷油漆、涂料，与整体墙面同色者，(　　)计算；与整体墙面分色者，单独计算，按(　　)项目执行，其中人工乘以系数 1.43。

A. 并入墙面，墙面　　B. 并入墙面，线条　　C. 单独，墙面　　D. 单独，线条

5.【单选题】 槽形底板、混凝土折瓦板、有梁板底、密肋梁板底、井字梁板底刷油漆、涂料按设计图示尺寸(　　)面积计算。

A. 展开　　B. 投影

6.【单选题】 吊顶天棚涂料、裱糊饰面工程量按(　　)计算。

A. 展开面积　　B. 水平投影面积

二、提高技能

根据实际建筑装饰施工图纸编制油漆、涂料、裱糊工程的清单项目。

【学后反思】

梳理本任务知识技能体系，构建知识图谱，参照附录 1 综合评价表完成自我评价，并完成一份学后反思总结。

任务 6.3　油漆、涂料、裱糊工程清单项目综合单价的确定

【任务描述】

依据“老人之家”项目图纸，确定油漆、涂料、裱糊装饰工程清单项目的综合单价并计算相应的费用。

【学习目标】

1. 提取影响油漆、涂料、裱糊工程综合单价的主要因素，培养在原有知识体系的基础上建构新知识技能的能力。

2. 会确定油漆、涂料、裱糊工程清单项目的综合单价，会填写综合单价分析表，提高理论分析和实践应用的职业技能。

【思政要点】

1. 引导学生养成科学的学习方法。

2. 培养学生的实践调查能力，提高学生与时俱进、精益求精的职业能力。

3. 培养学生科学严谨、实事求是、认真负责的职业操守。

【任务分析】

1. 油漆、涂料、裱糊装饰工程清单项目综合单价组成

(1) 分析“老人之家”项目油漆、涂料、裱糊工程清单的项目特征，依据地区预算定额，确定其综合单价组价对应的定额子目。

(2) 按照《计价规范》要求，填写综合单价分析表，编制相应的分部分项工程和单价措施清单与计价表，计算其费用。

2. 难点

(1) 准确选择对应清单项目特征的定额子目。

(2) 按规范要求填写综合单价分析表，确定其综合单价及费用。

【知识资源】

6.3.1　油漆、涂料、裱糊工程清单项目的工作内容分析

6.3.1.1　油漆、涂料、裱糊工程一般工艺流程

木材面清漆施工工艺流程：基层处理→润色油粉→满刮油腻子→刷油色→刷第一遍清漆→修补→刷第二遍清漆→刷第三遍清漆。

木材面混色漆施工工艺流程：基层处理→润色油粉→满刮腻子→刷第一遍混色漆→修补→刷第二遍混色漆→刷第三遍混色漆。

乳胶漆施工工艺流程：清理基层→基层修补→打磨→满刮腻子一遍→满刮腻子两遍→打磨→涂刷底涂→刷面涂料。

裱糊工程施工工艺流程：基层处理→刷抗碱底漆或基膜→裁纸→分幅弹线→刷胶黏剂→粘贴壁纸墙布。

6.3.1.2 《计算规范》中油漆、涂料、裱糊工程主要工作内容

《计算规范》中油漆、涂料、裱糊工程主要工作内容：①基层清理；②刮腻子；③刷防护材料、油漆等的施工工艺要点。

6.3.2 油漆、涂料、裱糊工程清单项目的综合单价计算依据

本单元按照某省《预算定额》进行清单综合单价编制。该定额依据油漆、涂料、裱糊的材料类别、装饰构成、施工部位、基层类型等，分解为不同的定额子目，油漆、涂料、裱糊工程清单项目的综合单价根据具体的工作内容由一个或者几个定额子目组价形成。

【任务解析】

1. 清单组价定额子目选择

根据任务 6.2 中确定的“老人之家”油漆、涂料、裱糊装饰工程量清单（见表 6-10），对照某省《预算定额》，确定完成油漆、涂料、裱糊工程清单项目的综合单价计算所对应的定额子目，见表 6-11。

表 6-11 油漆、涂料、裱糊工程清单项目与定额子目对应关系

<table>
<tr><th rowspan="2">序号</th><th colspan="3">清单项目</th><th colspan="3">对应定额子目</th></tr>
<tr><th>项目编码</th><th>项目名称</th><th>项目特征描述</th><th>定额名称</th><th>定额子目</th><th>工作内容</th></tr>
<tr><td>1</td><td>011407001001</td><td>墙面喷刷涂料</td><td>1. 墙柱水泥砂浆抹灰基层
2. 批二遍腻子刷白色乳胶漆二遍</td><td>乳胶漆 室内墙面 二遍</td><td>14-199</td><td>1. 室内外：清扫、满刮腻子二遍、打磨、刷底漆一遍、刷乳胶漆二遍等
2. 每增加一遍：刷乳胶漆一遍等</td></tr>
<tr><td>2</td><td>011407001002</td><td>墙面喷刷涂料</td><td>1. 隔墙等石膏板基层
2. 批二遍腻子刷白色乳胶漆二遍</td><td>乳胶漆 室内墙面 二遍</td><td>14-199</td><td>1. 室内外：清扫、满刮腻子二遍、打磨、刷底漆一遍、乳胶漆二遍等
2. 每增加一遍：刷乳胶漆一遍等</td></tr>
<tr><td rowspan="2">3</td><td rowspan="2">011407001003</td><td rowspan="2">墙面喷刷涂料</td><td rowspan="2">1. 墙柱水泥砂浆抹灰基层
2. 喷黑色乳胶漆三遍（无腻子）</td><td>乳胶漆 室内墙面 二遍</td><td>14-199</td><td>1. 室内外：清扫、满刮腻子二遍、打磨、刷底漆一遍、乳胶漆二遍等
2. 每增加一遍：刷乳胶漆一遍等</td></tr>
<tr><td>刮腻子 墙面满刮二遍（扣减子目）</td><td>14-249</td><td>清扫、打磨、满刮腻子二遍（一遍）等</td></tr>
</table>

续表 6-11

序号	清单项目			对应定额子目		
	项目编码	项目名称	项目特征描述	定额名称	定额子目	工作内容
4	011407002001	天棚喷刷涂料	1. 吊顶石膏板基层 2. 批二遍腻子刷白色乳胶漆二遍	乳胶漆 室内天棚面 二遍	14-200	1. 室内外：清扫、满刮腻子二遍、打磨、刷底漆一遍、乳胶漆二遍等 2. 每增加一遍：刷乳胶漆一遍等
5	011407002002	天棚喷刷涂料	1. 结构天棚水泥砂浆抹灰基层 2. 喷黑色乳胶漆三遍（无腻子）	乳胶漆 室内天棚面 二遍	14-200	1. 室内外：清扫、满刮腻子二遍、打磨、刷底漆一遍、乳胶漆二遍等 2. 每增加一遍：刷乳胶漆一遍等
				刮腻子 天棚面满刮二遍（扣减子目）	14-250	清扫、打磨、满刮腻子二遍
6	011403002001	窗帘盒油漆	1. 大芯板封石膏板基层 2. 批二遍腻子刷白色乳胶漆二遍	乳胶漆 室内天棚面 二遍	14-200	1. 室内外：清扫、满刮腻子二遍、打磨、刷底漆一遍、乳胶漆二遍等 2. 每增加一遍：刷乳胶漆一遍等
7	011407006001	木材构件喷刷防火涂料	1. 大芯板刷防火涂料三遍	木基层板防火涂料二遍	14-125	清扫、刷防火涂料等
8	011408001001	墙纸裱糊	1. 隔墙石膏板基层 2. 批二遍腻子贴墙布	墙面 普通壁纸 对花	14-257	清扫、找补腻子、刷底胶、刷粘黏剂、铺贴壁纸等

2. 编制各清单分项工程的综合单价分析表，见表 6-12～表 6-19。

表 6-12 综合单价分析表

项目编码	011407001001	项目名称	墙面喷刷涂料	计量单位	m^2	工程量	237.32

清单综合单价组成明细

定额编号	定额项目名称	定额单位	数量	单价				合价			
				人工费	材料费	机械费	管理费和利润	人工费	材料费	机械费	管理费和利润
14-199	乳胶漆室内墙面二遍	100 m^2	0.01	1 270.41	523.39	—	320.62	12.70	5.23	—	3.21
人工单价		小计						12.70	5.23	—	3.21
元/工日		未计价材料费									
清单项目综合单价								21.14			

表 6-13 综合单价分析表

项目编码	011407001002	项目名称	墙面喷刷涂料	计量单位	m^2	工程量	203.80

清单综合单价组成明细

定额编号	定额项目名称	定额单位	数量	单价				合价			
				人工费	材料费	机械费	管理费和利润	人工费	材料费	机械费	管理费和利润
14-199	乳胶漆室内墙面二遍	100 m^2	0.01	1 270.41	523.39	—	320.62	12.70	5.23	—	3.21
人工单价		小计						12.70	5.23	—	3.21
元/工日		未计价材料费									
清单项目综合单价								21.14			

表 6-14　综合单价分析表

项目编码	011407001003	项目名称	墙面喷刷涂料	计量单位	m^2	工程量	30.85

清单综合单价组成明细											
定额编号	定额项目名称	定额单位	数量	单价				合价			
				人工费	材料费	机械费	管理费和利润	人工费	材料费	机械费	管理费和利润
14-199	乳胶漆室内墙面二遍	100 m^2	0.01	1 270.41	523.39	—	320.62	12.70	5.23	—	3.21
14-249	刮腻子墙面满刮二遍	100 m^2	-0.01	958.95	145.05	—	242.12	-9.59	-1.45	—	-2.42
人工单价	小计							3.11	3.78	—	0.79
元/工日	未计价材料费										
清单项目综合单价								7.68			

表 6-15　综合单价分析表

项目编码	011407002001	项目名称	天棚喷刷涂料	计量单位	m^2	工程量	146.14

清单综合单价组成明细											
定额编号	定额项目名称	定额单位	数量	单价				合价			
				人工费	材料费	机械费	管理费和利润	人工费	材料费	机械费	管理费和利润
14-200	乳胶漆室内天棚面二遍	100 m^2	0.01	1 587.94	523.39	—	400.67	15.88	5.23	—	4.01
人工单价	小计							15.88	5.23	—	4.01
元/工日	未计价材料费										
清单项目综合单价								25.12			

表 6-16　综合单价分析表

项目编码	011407002002	项目名称		天棚喷刷涂料		计量单位		m²		工程量	107.09
清单综合单价组成明细											
定额编号	定额项目名称	定额单位	数量	单价				合价			
				人工费	材料费	机械费	管理费和利润	人工费	材料费	机械费	管理费和利润
14-200	乳胶漆室内天棚面二遍	100 m²	0.01	1 587.94	523.39	—	400.67	15.88	5.23	—	4.01
14-250	刮腻子天棚面满刮二遍	100 m²	-0.01	1 198.68	145.05	—	302.65	-11.99	-1.45	—	-3.03
人工单价		小计						3.89	3.78	—	0.98
元/工日		未计价材料费									
清单项目综合单价								8.65			

表 6-17　综合单价分析表

项目编码	011403002001	项目名称		窗帘盒油漆		计量单位		m		工程量	35.62
清单综合单价组成明细											
定额编号	定额项目名称	定额单位	数量	单价				合价			
				人工费	材料费	机械费	管理费和利润	人工费	材料费	机械费	管理费和利润
14-200	乳胶漆室内天棚面二遍	100 m²	0.005	1 587.94	523.39	—	400.67	7.94	2.62	—	2.00
人工单价		小计						7.94	2.62	—	2.00
元/工日		未计价材料费									
清单项目综合单价								12.56			

表 6-18 综合单价分析表

项目编码	011407006001	项目名称	木材构件喷刷防火涂料	计量单位	m²	工程量	60.99

清单综合单价组成明细

定额编号	定额项目名称	定额单位	数量	单价				合价			
				人工费	材料费	机械费	管理费和利润	人工费	材料费	机械费	管理费和利润
14-125	木基层板防火涂料二遍	100 m²	0.01	600.09	969.19	—	121.52	6.00	9.69	—	1.22
人工单价		小计						6.00	6.69	—	1.22
元/工日		未计价材料费									
清单项目综合单价								16.91			

表 6-19 综合单价分析表

项目编码	011408001001	项目名称	墙纸裱糊	计量单位	m²	工程量	21.67

清单综合单价组成明细

定额编号	定额项目名称	定额单位	数量	单价				合价			
				人工费	材料费	机械费	管理费和利润	人工费	材料费	机械费	管理费和利润
14-257	墙面普通壁纸对花	100 m²	0.01	1 196.87	3 398.77	—	301.87	11.97	33.99	—	3.02
人工单价		小计						11.97	33.99	—	3.02
元/工日		未计价材料费									
清单项目综合单价								48.98			

3. 完成油漆、涂料、裱糊工程分部分项工程和单价措施清单与计价表，见表 6-20。

表6-20 分部分项工程和单价措施清单与计价表

序号	项目编码	项目名称	项目特征描述	计量单位	工程量	金额/元		
						综合单价	合价	其中 暂估价
1	011407001001	墙面喷刷涂料	1. 墙柱水泥砂浆抹灰基层; 2. 批二遍腻子,刷白色乳胶漆二遍	m^2	237.32	21.14	5 016.94	
2	011407001002	墙面喷刷涂料	1. 隔墙等石膏板基层 2. 批二遍腻子,刷白色乳胶漆二遍	m^2	203.80	21.14	4 308.33	
3	011407001003	墙面喷刷涂料	1. 墙柱水泥砂浆抹灰基层 2. 喷黑色乳胶漆三遍(无腻子)	m^2	30.85	7.68	236.93	
4	011407002001	天棚喷刷涂料	1. 吊顶石膏板基层 2. 批二遍腻子,刷白色乳胶漆二遍	m^2	146.14	25.12	3 671.04	
5	011407002002	天棚喷刷涂料	1. 结构天棚水泥砂浆抹灰基层 2. 喷黑色乳胶漆三遍(无腻子)	m^2	107.09	8.65	920.97	
6	011403002001	窗帘盒油漆	1. 大芯板封石膏板基层 2. 批二遍腻子,刷白色乳胶漆二遍	m	35.62	12.56	447.39	
7	011407006001	木材构件喷刷防火涂料	1. 大芯板刷防火涂料三遍	m^2	60.99	16.91	1 031.34	
8	011408001001	墙纸裱糊	1. 隔墙石膏板基层 2. 批二遍腻子贴墙布	m^2	21.67	48.98	1 061.40	

【拓展学习】

结合专业造价软件,用软件查询市场价格,编制油漆、涂料、裱糊工程清单项目综合单价,提升职业技能水平。

【技能训练】

1. 根据表6-21,在编制油漆、涂料、裱糊工程的清单项目的基础上,进一步计算各清单项目的综合单价。

2. 依据实际建筑装饰施工图纸，编制相应的油漆、涂料、裱糊工程清单项目的综合单价分析表，并完成报价。

表 6-21　油漆、涂料、裱糊装饰做法一览表

类别	部位	名称	用料及做法
门窗	楼梯口	木质防火门	批腻子二遍，刷聚氨酯瓷漆三遍
	房间	实木门	刷聚酯清漆六遍
	走廊	胶合板门	批腻子二遍，刷聚氨酯瓷漆三遍
木饰面	墙裙	装饰三合板饰面	30×30 双向木龙骨，刷防火涂料二遍，基层为九厘板，单面刷防火涂料二遍，粘钉柚木三合板，刷聚酯清漆八遍
	踢脚线	装饰三合板饰面	九厘板基层，刷聚酯清漆八遍
	背景墙	装饰三合板饰面	30×30 双向木龙骨，刷防火涂料两遍，基层为九厘板，单面刷防火涂料两遍，粘钉枫木三合板，刷硝基清漆八遍
涂料	墙面	乳胶漆	水泥砂浆基层，批腻子两遍，刷乳胶漆三遍
	天棚	乳胶漆	水泥砂浆基层，批腻子两遍，刷乳胶漆三遍
	背景墙	硅藻泥涂料	水泥砂浆基层，批腻子两遍，施涂硅藻泥一道
金属面	楼梯间	钢管扶手	打磨除锈，喷灰色聚氨酯漆三遍
	防盗网	钢筋防盗网	钢筋网刷银粉防锈漆两遍
线条	走廊	防撞实木线条	100 宽实木线条，批腻子两遍，刷聚酯清漆六遍
	天棚	石膏阴角线	刷乳胶漆三遍
裱糊	墙面	对花墙布	批腻子二遍，刷基膜一道，粘贴墙布
	天棚	不对花壁纸	批腻子二遍，刷基膜一道，粘贴壁纸

【学后反思】

梳理本任务知识技能体系，构建知识图谱，参照附录 1 综合评价表完成自我评价，并完成一份学后反思总结。

项目7 措施项目

任务7.1 措施项目清单项目编制

【任务描述】

依据"老人之家"项目图纸,编制措施项目的工程量清单。

【学习目标】

1. 能辨析装饰工程所用到的措施项目类型,理解装饰工程所用到的措施项目的清单工程量计算规则内涵,明晰所用到的措施项目的常规工作内容,能够通过自主学习熟练地使用规范。

2. 提升使用规范解决实际问题的职业能力。

3. 提高严谨细致的工作态度及规范意识。

【思政要点】

1. 强化"以人为本"的理念,塑造"生命高于一切,安全重于泰山"的价值观,提高安全、环保意识,增强社会责任感。

2. 提高理论联系实际、学以致用的学习能力及精准算量的职业技能。

【任务分析】

1. 装饰工程措施项目的类型

(1)结合装饰工程施工工艺,了解措施项目的作用,并用思维导图归纳整理措施项目的类型。

(2)通过实践调研,探究常用的装饰工程措施项目类型。

2. 依据"老人之家"项目图纸,列出相应的措施项目清单的项目编码、项目名称、项目特征、计量单位、计算规则(计价说明)及工作内容。

(1)认真识读"老人之家"项目图纸,能列出与该项目相关的措施项目的类型。

(2)查阅《计算规范》中措施项目 S.1、S.3、S.7 的各分项工程的清单项目名称分类,辨析理解各清单项目的工作内容。

3. 装饰工程措施项目清单编制

(1)依据《计算规范》附录 S,梳理装饰工程措施项目清单工程量计算规则(或计价说明)要点。

(2)根据“老人之家”项目图纸,列出所需总价措施项目类型。

(3)按规范工程量计算规则要求,计算“老人之家”工程的单价措施项目清单工程量,并完成清单项目的编制。

4. 重点

(1)结合工程实际确定装饰工程所需的措施项目类型。

(2)计算单价措施项目的清单工程量。

【知识资源】

7.1.1 措施项目内涵及分类

7.1.1.1 内涵

措施项目是指完成工程项目施工,发生于该工程施工前和施工过程中技术、生活、安全等方面的非工程实体项目。

7.1.1.2 分类

措施项目的分类如图 7-1 所示。

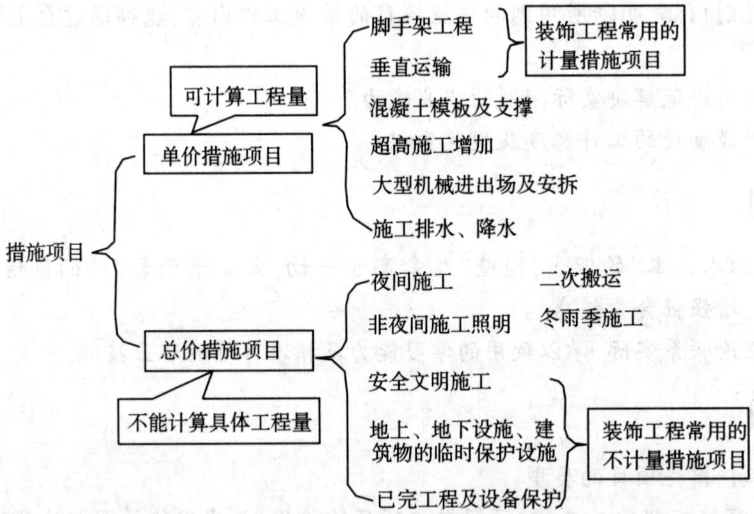

图 7-1 措施项目的分类

7.1.2 单价措施项目清单项目

参照《计算规范》中表 S.1 的规定,解析脚手架工程清单工程量计算规则。

(1)综合脚手架中包括外墙砌筑和外墙粉饰、3.6 m 以内的内墙砌筑及混凝土浇捣用脚手架及内墙面和天棚粉饰脚手架。使用综合脚手架项目时,不再使用外脚手架、里脚手架等单项脚手架项目。

(2)室内装饰高度超过 3.6 m 时,需另考虑单项脚手架。室内墙面粉饰高度在 3.6 m 以外的,可增列天棚满堂脚手架。

(3)同一建筑物有不同檐高时,按建筑物竖向切面分别按不同檐高编列清单项目。

参照《计算规范》中表S.3的规定,解析垂直运输清单工程量计算规则。

(1)同一建筑物有不同檐高时,按建筑物的不同檐高做纵向分割,分别计算建筑面积,以不同檐高分别编码列项。

(2)建筑物的檐口高度是指设计室外地坪至檐口滴水的高度(平屋顶系指屋面板底高度);突出主体建筑物屋顶的电梯机房、楼梯出口间、水箱间、瞭望塔、排烟机房等不计入檐口高度。

(3)垂直运输指施工工程在合理工期内所需垂直运输机械。

(4)结合"老人之家"项目只有一层等实际工程情况,垂直运输不计取。

7.1.3　总价措施项目清单项目

结合装饰工程施工过程,常用的总价措施有安全文明施工费,地上、地下设施费,建筑物临时保护设施费及已完工程及设备保护费,其工程量清单项目设置、工程内容及包含范围应按《计算规范》中表S.7的规定执行。

(1)组织措施项目除安全文明施工费外,其他项目应根据工程实际情况按表S.7编码列项。

(2)依据某企业定额,安全文明施工费应按照每个定额子目单独计取,汇总求和。

(3)地上、地下设施,建筑物临时保护设施,已完工程及设备保护以"项"为计量单位,并按相应文件计取。

【任务解析】

1.识读"老人之家"项目图纸,按照一般施工工艺,所需要的措施项目有综合脚手架、垂直运输及安全文明施工费。其中,安全文明施工费应按照每个定额子目单独计取,汇总求和计算费用,以"项"为计量单位,无须计算清单工程量。

2.结合"老人之家"项目在一层,室内高度3.8 m等实际工程情况,确定本项目单价措施项目只有综合脚手架,不计取垂直运输费。对照《计算规范》,将"老人之家"图纸中的单价措施项目按清单规范要求分类汇总,见表7-1 。

表7-1　措施项目清单列项

序号	项目编码	项目名称	项目特征	计量单位
1	011701001001	综合脚手架	1.建筑结构形式:框架结构 2.檐口高度:3.9 m 3.室内高度:3.8 m	m^2

3.单价措施项目清单编制

(1)识读"老人之家"图纸,结合列出的单价措施项目清单,确定计算单价措施项目的相关尺寸,见表7-2。

表 7-2　综合脚手架清单工程量计算过程

建筑物长度/m	建筑物宽度/m	扣减部分面积/m^2	建筑物建筑面积/m^2	综合脚手架工程量/m^2
42.52	9.10	0.26×5.94+0.3×8.68	42.52×9.10−(0.26×5.94+0.3×8.68)	382.78

(2)根据《计算规范》编制单价措施项目清单项目,见表 7-3。

表 7-3　分部分项工程和单价措施清单与计价表

序号	项目编码	项目名称	项目特征描述	计量单位	工程量/m^2	金额/元		
						综合单价	合价	其中 暂估价
1	011701001001	综合脚手架	1. 建筑结构形式:框架结构 2. 檐口高度:3.9 m 3. 室内高度:3.8 m	m^2	382.78			

【拓展学习】

1. 请通过信息检索收集典型的施工安全事故,讲一讲心得体会及安全注意事项。

2. 结合专业工程量计算软件,用软件计算单价措施项目清单工程量,增强理论分析及精准算量的职业技能。

【技能训练】

一、基础技能

1.【单选题】　下列措施项目中单价措施项目是(　　)。

A. 安全文明施工　　B. 已完工程保护

C. 脚手架工程　　D. 夜间施工

2.【多选题】　下列措施项目清单工程量可按建筑物建筑面积计算的有(　　)。

A. 综合脚手架　　B. 超高施工增加　　C. 垂直运输

D. 安全文明施工　　E. 外装饰吊篮

二、提高技能

依据实际建筑装饰施工图纸编制相应的单价措施项目工程量清单。

【学后反思】

梳理本任务知识技能体系,构建知识图谱,参照附录 1 综合评价表完成自我评价,并完成一份学后反思总结。

任务 7.2 单价措施项目清单项目综合单价的确定

【任务描述】

依据“老人之家”项目图纸,确定单价措施项目清单综合单价及费用。

【学习目标】

1. 巩固在原有知识体系的基础上建构重组新知识的能力。
2. 巩固理论分析,实践应用的职业技能。
3. 巩固应用理论解决工程实际问题的方法途径,增强爱岗敬业的劳动态度。

【思政要点】

1. 引导学生打破课程界限,提高融会贯通的能力。
2. 提高学生的实践调查能力,以及实时更新数据、紧跟市场行业发展、精益求精的职业能力。

【任务分析】

1. 综合脚手架、垂直运输项目清单综合单价的确定

(1)分析“老人之家”项目综合脚手架清单项目特征,依据地区定额或典型的企业定额,确定其综合单价组价对应的定额子目。

(2)按《计价规范》要求,编制综合单价分析表,并完成相应的分部分项工程和单价措施清单与计价表。

2. 难点

(1)根据项目特征描述确定综合脚手架清单项目的定额子目。

(2)按规范要求填写综合单价分析表,确定其综合单价及费用。

【知识资源】

7.2.1 脚手架工程清单项目的工程内容分析

脚手架工程施工工艺:基础处理(整平夯实)→撒灰线→安放垫木及钢底座→竖立杆同时安装扫地杆→校正立杆→搭设第一步架大横杆、小横杆→铺脚手板→按上述步骤搭设其余各步架→设斜撑、剪力撑、连墙杆(搭设到第二步架就开始设置)→挂安全防护网→检查验收。《计算规范》中表 S.1 的脚手架工程清单项目编制的工程内容包含了整个脚手架施工工艺要点。

7.2.2 综合脚手架工程清单综合单价计算依据

本单元按照现行某省《预算定额》进行清单综合单价编制。该定额依据综合脚手架

工程施工工艺、材质等因素,结合其计价说明,分类分解为不同的定额子目,综合脚手架工程清单项目的综合单价根据具体的工作内容由下面的一个或者几个定额子目组价形成。

【任务解析】

1. 综合脚手架清单项目综合单价编制

(1)依据“老人之家”项目的实际施工情况,结合各分项工程的项目特征描述,对照某省《预算定额》中计价说明,从中选择确定综合脚手架清单项目的综合单价计算所对应的定额子目,见表7-4。

表7-4 脚手架清单项目与定额子目对应关系

项目编码	项目名称	项目特征描述	定额名称	定额子目	定额工作内容
011701001001	综合脚手架	1. 结构形式:框架结构 2. 檐高:3.9 m 3. 室内高度:3.8 m	单层建筑综合脚手架(建筑面积500 m² 以内)	17-1	1. 场内、外材料搬运 2. 搭拆脚手架、挡脚板、上下翻板子 3. 拆除脚手架后材料堆放
			满堂脚手架基本层(3.6~5.2 m)	17-59	1. 场内、外材料搬运 2. 搭拆脚手架 3. 拆除脚手架后材料堆放

(2)编制综合单价分析表,确定其综合单价,见表7-5。

表7-5 综合单价分析表

项目编码	011701001001	项目名称	综合脚手架	计量单位	m²	工程量	382.78

清单综合单价组成明细											
定额编号	定额名称	定额单位	数量	单价				合价			
				人工费	材料费	机械费	管理费和利润	人工费	材料费	机械费	管理费和利润
17-1	单层建筑综合脚手架(建筑面积500 m² 以内)	100 m²	0.01	1 949.19	1 008.83	247.90	739.83	19.49	10.09	2.48	7.40
17-59	满堂脚手架基本层(3.6~5.2 m)	100 m²	0.01	914.05	339.70	143.98	349.71	9.14	3.40	1.44	3.50
B001	改架	100 m²	0.021	194.92	0	0	0	4.09	0	0	0
人工单价		小计						32.72	13.49	3.92	10.90
元/工日		未计价材料费						0			
清单项目综合单价								61.03			

注:改架实际工程量797.56 m²,表中数量=797.56/(382.78×100)=0.021。

人工费=一般技工工日单价152.28元/工日×1.28工日=194.92(元)

2. 措施项目的分部分项工程和单价措施清单与计价表,见表7-6。

表7-6　分部分项工程和单价措施清单与计价表

序号	项目编码	项目名称	项目特征描述	计量单位	工程量	金额/元		
						综合单价	合价	其中 暂估价
1	011701001001	综合脚手架	1. 结构形式:框架结构 2. 檐高:3.9 m 3. 室内高度:3.8 m	m^2	382.78	61.03	23 361.06	

【拓展学习】

1. 请结合专业知识,说说安全文明施工费计价过程及作为不可竞争费用的原因及意义。

2. 结合专业造价软件,用软件查询市场价格,编制综合脚手架工程清单项目综合单价,提升职业技能水平。

【技能训练】

一、基础技能

1.【单选题】　下列措施项目中可计取综合单价的是(　　)。

A. 安全文明施工　　B. 已完工程保护

C. 脚手架工程　　D. 夜间施工

2.【多选题】　下列措施项目按"总价措施项目"计算费用的有(　　)。

A. 综合脚手架　　B. 夜间施工　　C. 冬雨季施工

D. 安全文明施工　　E. 超高施工增加

二、提高技能

依据实际建筑装饰施工图纸编制相应的单价措施项目工程清单项目的综合单价分析表,并完成报价。

【学后反思】

梳理本任务知识技能体系,构建知识图谱,参照附录1综合评价表完成自我评价,并完成一份学后反思总结。

项目 8 造价文件编制

任务 8.1 招标工程量清单编制

【任务描述】

依托“老人之家”项目，熟悉招标工程量清单编制的内容和要求，并依据“老人之家”项目图纸信息，编制一份招标工程量清单。

【学习目标】

1. 熟悉招标工程量清单编制的要求和表格使用。
2. 完成“老人之家”项目图纸招标工程量清单的编制。

【思政要点】

学校学习与真实工作场景接轨，体验职业劳动的成果收获，激发职业劳动的自豪感。

【任务分析】

1. 招标工程量清单编制的要求

依据《计价规范》，梳理招标工程量清单编制使用的表格要求，明确表格中内容的填写。

2. 依据“老人之家”项目图纸信息，结合前期各任务单的学习成果，依据规范要求，编制招标工程量清单。

3. 难点

结合既往任务单的学习成果，重新梳理总结，编制招标工程量清单文件。

【知识资源】

工程量清单是指载明建设工程的分部分项工程项目、措施项目、其他项目的名称和相应数量，以及规费、税金项目等内容的明细清单。按照《计价规范》的强制性规定，使用国有资金投资的建设工程发承包，必须采用工程量清单计价；非国有资金投资的建设工程，宜采用工程量清单计价。在招标阶段，采用工程量清单计价模式招标发包时，招标工程量清单必须作为招标文件的组成部分，连同招标文件的其他内容一并发放给各投标单位。

工程量清单编制使用的表格采用《计价规范》中附录的内容，具体包括附录 B.1 招标工程量清单封面(封-1)，附录 C.1 招标工程量清单扉页(扉-1)，附录 D 工程计价总说明

(表-01),附录 F.1 分部分项工程和单价措施项目清单与计价表(表-08),F.4 总价措施项目清单与计价表(表-11),附录 G.1 其他项目清单与计价汇总表(表-12,不含表-12-6~表-12-8),附录 H 规费、税金项目计价表(表-13),附录 L 主要材料、工程设备一览表(表-20、表-21 或表-22)。

具体各表格的编写,参考项目 1 任务 1.2.2 工程量清单编制的资源介绍。

【任务解析】

1. 依据“老人之家”前期任务单的学习,梳理各分部分项工程量清单,根据《计价规范》中关于工程量清单编制的要求,逐一编制各项表格。

2. 招标工程量清单封面(封-1)和招标工程量清单扉页(扉-1)中的招标人也称为发包人,是“招标单位”或“委托招标单位”的别称,也指招标单位或委托招标单位的法人代表,具有工程发包主体资格和支付工程价款能力的当事人以及取得当事人资格的合法继承人。造价咨询人,是指取得工程造价咨询资质等级证书,接受委托从事建设工程造价咨询活动的当事人以及取得该当事人资格的合法继承人。

3. 工程计价总说明(表-01),需填写工程概况,包括建设规模、工程特征、计划工期、施工现场实际情况、自然地理条件、环境保护要求等;工程招标和专业工程发包范围;工程量清单编制依据;工程质量、材料、施工等的特殊要求。

4. 分部分项工程和单价措施项目清单与计价表(表-08),结合“老人之家”前期任务单的成果,整理汇总各分部分项工程量清单与措施项目清单。

5. 总价措施项目清单与计价表(表-11),其他项目清单与计价汇总表(表-12),规费、税金项目计价表(表-13),根据工程具体情况填写。

6. “老人之家”项目招标工程量清单实例。

“老人之家”项目装修工程

招标工程量清单

招　标　人:××物业管理公司

(单位盖章)

造价咨询人:××工程造价咨询有限公司

(单位盖章)

×××× 年 ××月 ××日

封-1

“老人之家”项目装修工程

招标工程量清单

招标人：××物业管理公司 造价咨询人：××工程造价咨询有限公司

（单位盖章） （单位资质专用章）

法定代表人
或其授权人：×××

法定代表人
或其授权人：×××

（签字或盖章） （签字或盖章）

编制人：××× 复核人：×××

（造价人员签字盖专用章） （造价工程师签字盖专用章）

编制时间：××××年××月××日 复核时间：××××年××月××日

扉-1

总说明

工程名称:“老人之家”项目装修工程　　　　第1页 共1页

一、项目概况

1. 项目名称:××市××社区“老人之家”项目装修工程。

2. 项目概况:本项目一层,为社区老人活动中心,钢筋混凝土框架结构,安全等级二级,结构层高3.9 m,本部分建筑面积为382.84 m^2。计划工期为30天。

3. 项目地址:××市文汇路以西,舒心路以东,晨阳路以北,富贵一路以南。

二、编制范围

装修施工图纸所示的所有建筑装修工程项目。

三、编制依据

1. ××市××社区“老人之家”项目装修工程室内装修施工图纸及图纸答疑。

2.《建设工程工程量清单计价规范》(GB 50500—2013)、《房屋建筑与装饰工程工程量计算规范》(GB 50854—2013)。

3. 招标文件。

4. 与建设项目有关的文件、规范、技术资料等相关资料。

四、工程质量

满足招标文件要求。

表-01

分部分项工程和单价措施项目清单与计价表

工程名称:"老人之家"项目装修工程　　　标段:一标段　　　　第1页 共6页

序号	项目编码	项目名称	项目特征描述	计量单位	工程量	金额/元		
						综合单价	合价	其中
								暂估价
			H 门窗工程					
1	010801002001	木质门带套	1. 成品单扇实木装饰门,无门头板	m^2	8.17			
2	010801002002	木质门带套	1. 成品双扇实木装饰门	m^2	3.66			
3	010801002003	木质门带套	1. 成品单扇实木装饰门,单侧门头板	m^2	5.81			
4	010801006001	门锁安装	1. 把手锁	个	8			
5	010802001001	金属(塑钢)门	1. 铝镁合金推拉门 2. 镶嵌 6 mm 钢化玻璃	m^2	12.96			
6	010807001001	金属(塑钢、断桥)窗	1. 灰色断桥铝合金推拉窗 2. 玻璃品种为5+9A+5 钢化玻璃	m^2	142.38			
7	010808007001	成品木门窗套	1. 成品实木门套	m^2	2.03			
8	010809004001	石材窗台板	1. 20 厚度,1:2水泥砂浆黏结层 2. 40 厚预制普通水磨石板	m^2	9.49			
9	010810001001	窗帘	1. 窗帘材质为遮光尼龙布 2. C1 窗帘高度 2 600、C2 窗帘高度 3 380,宽度按图示尺寸 3. 窗帘一层	m^2	80.29			
10	010810002001	木窗帘盒	1. 18 厘细木工板基层 2. 外贴 9.5 厚纸面石膏板	m	36.72			
			分部小计					
			J 屋面及防水工程					
11	010903002001	墙面涂膜防水	1. 防水膜品种:聚氨酯防水涂料 2. 涂膜厚度:1.5 厚 3. 涂膜高度:1.5 m 高	m^2	38.01			
12	010904002001	涂膜防水楼地面	1. 防水膜品种:聚氨酯 2. 涂膜厚度、遍数:1.5 厚、三遍 3. 反边高度:1.5 m	m^2	31.78			
			分部小计					
			本页小计					

续表

序号	项目编码	项目名称	项目特征描述	计量单位	工程量	金额/元		
						综合单价	合价	其中 暂估价
	K 保温、隔热、防腐工程							
13	011001005001	保温隔热楼地面	1. 保温部位：棋牌室、阅读书画室 2. 保温材料：50 厚干铺聚苯乙烯板	m^2	59.61			
	分部小计							
	L 楼地面装饰工程							
14	011101002001	现浇水磨石地面	1. 15 厚 1∶2水泥彩色石子磨光打蜡 2. 素水泥浆一道 3. 20 厚 1∶3水泥砂浆找平层，干后安装玻璃分格条 4. 素水泥浆一道	m^2	180.17			
15	011102003001	块料楼地面	1. 找平层：15 厚干混地面砂浆 DS M20 2. 面层：300×300×8 防滑地砖铺贴，白水泥勾缝 3. 结合层：素水泥浆一道 4. 基层：聚氨酯防水涂料填充材料	m^2	23.67			
16	011103003001	塑胶地板	1. 面层：3 厚硬质塑胶地板，专用胶黏剂粘贴 2. 找平层：20 厚干混地面砂浆 DS M20 找平	m^2	86.57			
17	011104002001	木地板	1. 面层：12 厚成品实木复合地板 2. 基层：50 厚干铺聚苯乙烯板	m^2	59.38			
18	011105003001	陶瓷地砖踢脚线	1. 踢脚线高度：100 mm 2. 基层材料：1∶2水泥砂浆粘贴 3. 踢脚线粘贴材料：陶瓷地砖	m^2	10.07			
19	011105005001	实木踢脚线	1. 踢脚线高度：100 mm 2. 踢脚线材质：成品实木踢脚线	m^2	12.89			
	分部小计							
	本页小计							

续表

序号	项目编码	项目名称	项目特征描述	计量单位	工程量	金额/元		
						综合单价	合价	其中 暂估价
	M 墙、柱面装饰与隔断、幕墙工程							
20	011201001001	墙面一般抹灰	1. 墙体类型:砌体墙 2. 刷素水泥浆基层处理 3. 干混抹灰水泥砂浆 DP M10 (14+6) mm 找平	m^2	154. 11			
21	011201004001	立面砂浆找平层	1. 基层类型:砌体墙 2. 15 厚干混抹灰砂浆 DP M10 找平	m^2	37			
22	011202001001	柱面一般抹灰	1. 刷素水泥浆基层处理 2. 干混抹灰砂浆 DP M10(14+6) mm 找平	m^2	65. 84			
23	011204003001	块料墙面	1. 刷素水泥浆基层处理 2. 6 厚水泥砂浆保护层 3. 粉状型建筑胶黏剂粘贴层 4. 10 厚 450×600 的白色釉面砖	m^2	90. 85			
24	011204003002	块料墙面	1. 75×40 轻钢龙骨,中距 300 mm 2. 螺固水泥板 3. 挂钢丝网,粉刷找平 4. 粉状型建筑胶黏剂粘贴层 5. 10 厚 450×600 的白色釉面砖	m^2	6. 94			
25	011207001001	墙面装饰板	1. 75×40 轻钢龙骨,中距 300 mm 2. 内部密实填充隔音岩棉 3. 双侧单层铺钉 9. 5 厚石膏板	m^2	124. 29			
26	011207001002	墙面装饰板	1. 75×40 轻钢龙骨,中距 300 mm 2. 螺固水泥板	m^2	25. 52			
27	011208001001	柱面装饰	1. 75×40 轻钢龙骨,中距 300 mm 2. 内部密实填充隔音岩棉 3. 单侧单层铺钉 9. 5 厚石膏板	m^2	11. 11			
28	011208001002	假梁面装饰	1. 方木单层楞龙骨 2. 直径 8 mm 吊筋 3. 18 厚细木工板 4. 10 厚纸面石膏板	m^2	32. 46			
			本页小计					

续表

序号	项目编码	项目名称	项目特征描述	计量单位	工程量	金额/元		
						综合单价	合价	其中
								暂估价
29	011209001001	带骨架幕墙	1. 100 系列隐框铝合金幕墙龙骨，中距 700 2. 面层为 6+9A+6 钢化蓝灰色镀膜玻璃 3. 带副框粘贴固定 4. 上悬式开启隐蔽窗	m^2	9. 05			
30	011210003001	玻璃隔断	1. 100×80 不锈钢框 2. 12 mm 厚钢化玻璃隔断	m^2	64. 42			
31	011210005001	成品隔断	1. 1. 8 m 高抗倍特板成品厕位隔断	m^2	19. 69			
			分部小计					
			N 天棚工程					
32	011301001001	天棚抹灰	1. 基层类型：混凝土 2. 刷素水泥浆基层处理 3. 10 mm 厚干混抹灰水泥砂浆 DP M10 找平压光	m^2	358. 24			
33	011302001001	矿棉板装饰板吊顶	1. 矿棉板平顶，6 mm 通丝吊杆 2. U50 轻钢主龙骨中距 900，T 烤漆龙骨中距 600 3. 15 厚 600×600 矿棉装饰板	m^2	109. 76			
34	011302001002	纸面石膏板吊顶	1. 平顶，6 mm 通丝吊杆 2. 装配式 U50 形轻钢龙骨 450×450 3. 螺固 9. 5 厚普通纸面石膏板面层	m^2	113. 12			
35	011302001003	铝扣板集成吊顶	1. 铝扣板平顶，6 mm 通丝吊杆 2. U50 轻钢主龙骨中距 900，三角龙骨中距 300 3. 300×300 铝扣板集成安装	m^2	13. 74			
			本页小计					

续表

序号	项目编码	项目名称	项目特征描述	计量单位	工程量	金额/元		
						综合单价	合价	其中 暂估价
36	011302002001	格栅吊顶	1. U50 轻钢主龙骨中距 900,6 mm 通丝吊杆 2. 40×100×100 白色铝合金格栅顶	m^2	101.91			
			分部小计					
			P 油漆、涂料、裱糊工程					
37	011403002001	窗帘盒油漆	1. 大芯板封石膏板基层 2. 批二遍腻子刷白色乳胶漆二遍	m	35.62			
38	011407001001	墙面喷刷涂料	1. 墙柱水泥砂浆抹灰基层 2. 批二遍腻子刷白色乳胶漆二遍	m^2	237.32			
39	011407001002	墙面喷刷涂料	1. 隔墙等石膏板基层 2. 批二遍腻子刷白色乳胶漆二遍	m^2	203.80			
40	011407001003	墙面喷刷涂料	1. 墙柱水泥砂浆抹灰基层 2. 喷黑色乳胶漆三遍(无腻子)	m^2	30.85			
41	011407002001	天棚喷刷涂料	1. 吊顶石膏板基层 2. 批二遍腻子刷白色乳胶漆二遍	m^2	146.14			
42	011407002002	天棚喷刷涂料	1. 结构天棚水泥砂浆抹灰基层 2. 喷黑色乳胶漆三遍(无腻子)	m^2	107.09			
43	011407006001	木材构件喷刷防火涂料	1. 大芯板刷防火涂料三遍	m^2	60.99			
44	011408001001	墙纸裱糊	1. 隔墙石膏板基层 2. 批二遍腻子贴墙布	m^2	21.67			
			分部小计					
			本页小计					

续表

序号	项目编码	项目名称	项目特征描述	计量单位	工程量	金额/元		
						综合单价	合价	其中
								暂估价
	S 措施项目							
45	011701001001	综合脚手架	1. 建筑结构形式：框架结构 2. 檐口高度：3.9 m 3. 室内高度：3.8 m	m^2	382.78			
	本页小计							
	合计							

注：为计取规费等的使用，可在表中增设其中："定额人工费"。

表-08

总价措施项目清单与计价表

工程名称："老人之家"项目装修工程　　标段：一标段　　第 1 页 共 1 页

序号	项目编码	项目名称	计算基础	费率/%	金额/元	调整费率/%	调整后金额/元	备注
1	011707001001	安全文明施工费	分部分项安全文明施工费+单价措施安全文明施工费					
2		其他措施费（费率类）						
2.1	011707002001	夜间施工增加费	分部分项其他措施费+单价措施其他措施费					
2.2	011707004001	二次搬运费	分部分项其他措施费+单价措施其他措施费					
2.3	011707005001	冬雨季施工增加费	分部分项其他措施费+单价措施其他措施费					
合计								

编制人（造价人员）：×××　　　复核人（造价工程师）：×××

表-11

其他项目清单与计价汇总表

工程名称:“老人之家”项目装修工程　　标段:一标段　　第 1 页 共 1 页

序号	项目名称	金额/元	结算金额/元	备注
1	暂列金额	20 000		明细详见表-12-1
2	暂估价	64 000		
2.1	材料暂估价	—		明细详见表-12-2
2.2	专业工程暂估价	64 000		明细详见表-12-3
3	计日工			明细详见表-12-4
4	总承包服务费			明细详见表-12-5
	合计			—

注:材料(工程设备)暂估单价进入清单项目综合单价,此处不汇总。

表-12

暂列金额明细表

工程名称:社区“老人之家”项目装修工程　　标段:一标段　　第1页 共1页

序号	项目名称	计量单位	暂定金额/元	备注
1	工程量清单中工程量偏差和设计变更	项	10 000	工程量清单中工程量偏差和设计变更
2	政策性调整和材料价格风险	项	10 000	政策性调整和材料价格风险
合计				—

注:此表由招标人填写,如不能详列,也可只列暂列金额总额,投标人应将上述暂列金额计入投标总价中。

表-12-1

材料(工程设备)暂估单价及调整表

工程名称:“老人之家”项目装修工程　　　　标段:一标段　　　　第1页 共1页

序号	材料(工程设备)名称、规格、型号	计量单位	数量		暂估/元		确认/元		差额±/元		备注
			暂估	确认	单价	合价	单价	合价	单价	合价	
	合计										

注:此表由招标人填写“暂估单价”,并在“备注”栏说明暂估价的材料、工程设备拟用在哪些清单项目上,投标人应将上述材料、工程设备暂估单价计入工程量清单综合单价报价中。

表-12-2

专业工程暂估价表

工程名称："老人之家"项目装修工程　　标段：一标段　　第 1 页 共 1 页

序号	工程名称	工程内容	暂估金额/元	结算金额/元	差额±/元	备注
1	给排水安装改造	给排水管道及洁具安装	16 000			
2	电气照明安装工程	线路敷设及照明器具安装	48 000			
	合计		64 000			—

注：此表"暂估金额"由招标人填写，投标人应将"暂估金额"计入投标总价中。结算时按合同约定结算金额填写。

表-12-3

计日工表

工程名称:“老人之家”项目装修工程　　标段:一标段　　第1页 共1页

编号	项目名称	单位	暂定数量	实际数量	综合单价/元	合价	
						暂定	实际
1	人工						
1.1							
人工小计							
2	材料						
2.1							
材料小计							
3	施工机械						
3.1							
施工机械小计							
4. 企业管理费和利润							
总计							

注:此表项目名称、暂定数量由招标人填写,编制招标控制价时,单价由招标人按有关计价规定确定;投标时,单价由投标人自主报价,按暂定数量计算合价计入投标总价中。结算时,按发承包双方确认的实际数量计算合价。

表-12-4

总承包服务费计价表

工程名称:“老人之家”项目装修工程　标段:　第1页 共1页

序号	项目名称	项目价值/元	服务内容	计算基础	费率/%	金额/元
1	发包人供应材料					
2	发包人采购设备					
3	发包人专业工程					
合计						

注:此表项目名称、服务内容由招标人填写,编制招标控制价时,费率及金额由招标人按有关计价规定确定;投标时,费率及金额由投标人自主报价,计入投标总价中。

表-12-5

规费、税金项目计价表

工程名称:“老人之家”项目装修工程　　　标段:一标段　　　　　　　　第1页 共1页

序号	项目名称	计算基础	计算基数	计算费率/%	金额/元
1	规费				
1.1	养老保险费				
1.2	医疗保险费				
1.3	失业保险费				
1.4	工伤保险费				
1.5	生育保险费				
1.6	住房公积金				
1.7	工程排污费				
2	增值税	不含税工程造价合计			
合计					

编制人(造价人员):×××　　　　　　复核人(造价工程师):×××

表-13

【拓展学习】

请结合专业知识，谈谈建筑装饰工程招标文件的编制可以做哪些改革，工程量清单的编制可以做哪些方面的调整。

【技能训练】

1. 依据实际建筑装饰施工图纸编制相应的招标工程量清单文件。

2. 装饰工程工程量清单的编制可以按规范的附录顺序进行编写，也可以按房间组合，请按照房间编制本工程的工程量清单。

【学后反思】

梳理本任务知识技能体系，构建知识图谱，参照附录1综合评价表完成自我评价，并完成一份学后反思总结。

任务8.2　招标控制价造价文件编制

【任务描述】

以“老人之家”项目为载体，熟悉招标控制价编制的内容和要求。

【学习目标】

熟悉招标控制价编制的要求和表格使用。

【思政要点】

学校学习与真实工作场景接轨，体验职业劳动的成果收获，激发职业劳动的自豪感。

【任务分析】

招标控制价造价文件编制的要求。

依据《计价规范》中关于招标控制价编制的规定，梳理使用的表格要求，明确各表格中内容的填写要求。

【知识资源】

8.2.1　招标控制价的编制要求

招标控制价是招标人根据国家或省级、行业建设主管部门颁发的有关计价依据和办法，以及拟定的招标文件和招标工程量清单，结合工程具体情况编制的招标工程最高投标限价。招标控制价编制时应严格按照国家的有关政策、规定，结合工程实际情况做到科学合理、准确、全面和客观、公正。

8.2.1.1 招标控制价编制的一般规定与使用说明

(1)国有资金投资的建设工程招标,招标人必须编制招标控制价。

(2)招标控制价应由具有编制能力的招标人或受其委托具有相应资质的工程造价咨询人编制和复核。

(3)当招标控制价超过批准的概算时,招标人应将其报原概算审批部门审核。

(4)招标人应在发布招标文件时公布招标控制价,不应上调或下浮。同时,应将招标控制价及有关资料报送工程所在地或有该工程管辖权的行业管理部门工程造价管理机构备查。

(5)投标人经复核认为招标人公布的招标控制价未按照规范的规定进行编制的,应在招标控制价公布后5天内向招投标监督机构和工程造价管理机构投诉。

(6)招标人根据招标控制价复查结论需要重新公布招标控制价的,其最终公布的时间至招标文件要求提交投标文件截止时间不足15天的,应相应延长投标文件的截止时间。

8.2.1.2 招标控制价编制的依据

(1)现行《计价规范》。

(2)现行国家或省级、行业建设主管部门颁发的计价定额和计价办法。

(3)建设工程设计文件及相关资料。

(4)拟订的招标文件及招标工程量清单。

(5)与建设项目相关的标准、规范、技术资料。

(6)拟建工程项目的施工现场情况、工程特点及常规施工方案。

(7)工程造价管理机构发布的工程造价信息,当工程造价信息没有发布时,参照市场价。

(8)其他相关资料。

8.2.1.3 招标控制价编制的内容

1.招标控制价的费用组成

建筑工程项目招标控制价按工程造价的组成形式由相应的单项工程造价组成,单项工程造价由相应的单位工程造价组成,单位工程招标控制价由分部分项工程项目费用、措施项目费用、其他项目费用、规费和税金项目费用组成。即:

(1)单位工程控制价=分部分项工程费+措施项目费+其他项目费+规费+税金。

(2)单项工程控制价=$\sum$单位工程控制价。

(3)建设项目控制价=$\sum$单项工程控制价。

2.分部分项工程项目费用计算

分部分项工程项目应根据招标文件和招标工程量清单中的分部分项工程量清单项目的特征描述及有关要求,按现行计价定额和计价办法规定计算各分部分项工程项目的综合单价,综合单价中应包括招标文件中要求投标人承担的风险范围及其费用。招标文件提供了暂估单价的材料,按其暂估单价计入综合单价。各分部分项工程清单工程量乘以其综合单价得到相应的分部分项工程费用,汇总得到单位工程的分部分项工程费用,即:

$$分部分项工程费用=\sum(分部分项工程清单工程量\times综合单价) \quad (8\text{-}1)$$

式中:综合单价=人工费+材料费+施工机具使用费+企业管理费+利润+风险范围费用。综合单价按“计价规范”中表-09“综合单价分析表”的内容填写。

分部分项工程项目费用按招标文件中“分部分项工程和单价措施项目清单与计价表”的内容填写计算。

3.措施项目费用计算

措施项目费用应根据招标文件中的措施项目清单按规范规定计价。

(1)“单价项目”的措施项目费用计算同“分部分项工程项目计价方法”,按招标文件中“分部分项工程和单价措施项目清单与计价表”的内容填写计算。

(2)“总价项目”的措施项目费用计算按招标文件中“总价措施项目清单与计价表”的内容填写,编制人应根据工程的具体情况确定措施项目计价。措施项目中的安全文明施工费必须按国家或省级、行业建设主管部门的规定计算,不得作为竞争性费用。

4.其他项目费用计算

其他项目费用应根据招标文件中其他项目清单按规范规定计价。

1)暂列金额

暂列金额应按招标工程量清单中“暂列金额明细表”列出的金额填写。

2)暂估价

暂估价中的材料、工程设备单价应按招标工程量清单中列出的单价“材料(工程设备)暂估单价及调整表”计入相应分部分项工程项目的综合单价。

暂估价中的专业工程金额应按招标工程量清单中列出的金额“专业工程暂估价及结算价表”填写。

3)计日工

计日工应按招标工程量清单中“计日工表”列出的项目数量,根据工程特点和有关计价依据确定综合单价计算和汇总。

4)总承包服务费

总承包服务费应根据招标工程量清单中“总承包服务费计价表”列出的内容和要求估算。一般可参照以下标准计算:

(1)招标人仅要求对分包的专业工程进行总承包管理和协调时,按分包专业工程估算造价的1.5%计算。

(2)招标人要求对分包的专业工程进行总承包管理和协调并同时要求提供配合服务时,根据招标文件中的配合服务内容和提出的要求按分包专业工程估算造价的3%~5%计算。

(3)招标人自行供应材料的,按招标人供应材料价值的1%计算。

5.规费和税金项目费用计算

规费和税金应按招标工程量清单中“规费、税金计价表”的内容填写,必须按国家或省级、行业建设主管部门的规定计算,不得作为竞争性费用。

【任务解析】

1.依据“老人之家”前期任务单的学习,梳理各分部分项工程和单价措施项目清单与计价表、综合单价分析表，汇总各分部分项工程和单价措施项目费用，形成完整的分部分项工程和单价措施项目清单与计价表（表8）和综合单价分析表（表9，内容较多，不再提供）。

2. 根据规范中关于招标控制价的编制要求，逐一编制各项表格。招标控制价封面（封-1）和招标控制价扉页（扉-1）中的招标人和造价咨询人的填写同招标工程量清单封面填写要求，另需要注意招标控制价需要填写大写和小写，金额必须保持一致，并注明币种的符号。

3. 工程计价总说明（表-01）填写要求包括以下内容：

（1）工程概况。建设规模、工程特征，计划工期、合同工期、实际工期、施工现场及变化情况施工组织设计的特点、自然地理条件、环境保护要求等。

（2）编制依据等。

4. 总价措施项目清单与计价表（表-11），其他项目清单与计价汇总表（表-12），规费、税金项目计价表（表-13），根据工程具体情况填写。

5. 材料信息价采用××城市 2022 年 3 月信息价。人工价格指数、机械价格指数、管理费价格指数采用第 10 期价格指数（2021 年 7 月至 12 月）。利用软件编制招标控制价，基于篇幅限制，招标控制价中的分部分项工程的综合单价分析表不再呈现。

6. "老人之家"项目招标控制价编制实例。

“老人之家”项目装修工程

招标控制价

招　标　人：××物业管理公司

（单位盖章）

造价咨询人：××工程造价咨询有限公司

（单位盖章）

×××× 年 ××月 ××日

封-2

“老人之家”项目装修工程

招标控制价

招标控制价(小写):¥459 364.07

(大写):肆拾伍万玖仟叁佰陆拾肆元零柒分

招标人:××物业管理公司　　造价咨询人:××工程造价咨询有限公司

(单位盖章)　　(单位资质专用章)

法定代表人
或其授权人:×××　　法定代表人
或其授权人:×××

(签字或盖章)　　(签字或盖章)

编制人:×××　　复核人:×××

(造价人员签字盖专用章)　　(造价工程师签字盖专用章)

编制时间:××××年××月××日　　复核时间:××××年××月××日

扉-2

总说明

工程名称:“老人之家”项目装修工程　　　　第 1 页 共 1 页

一、项目概况

1. 项目名称:××市××社区“老人之家”项目装修工程。

2. 项目概况:本项目一层,为社区老人活动中心,钢筋混凝土框架结构,安全等级二级,结构层高 3.9 m,本部分建筑面积为 382.84 m^2。计划工期为 30 天。

3. 项目地址:××市文汇路以西,舒心路以东,晨阳路以北,富贵一路以南。

二、编制范围

装修施工图纸所示的所有建筑装修工程项目。

三、编制依据

1. ××市××社区“老人之家”项目装修工程室内装饰施工图纸及图纸答疑。

2.《建设工程工程量清单计价规范》(GB 50500—2013)、《房屋建筑与装饰工程工程量计算规范》(GB 50854—2013)。

3. 计价依据《××省房屋建筑与装饰工程预算定额 2016》。

4. 材料信息价采用××市 2022 年 3 月信息价。

5. 人工价格指数、机械价格指数、管理费价格指数采用第 10 期价格指数(2021 年 7 月至 12 月)。

6. 依据招标文件及招标工程量清单。

7. 与建设项目有关的文件、规范、技术资料相关资料。

四、工程质量

满足招标文件要求。

表-01

单位工程招标控制价汇总表

工程名称："老人之家"项目装修工程　　　标段：一标段　　　　　　第1页 共1页

序号	汇总内容	金额/元	其中：暂估价/元
1	分部分项工程	295 900.54	
1.1	A.8门窗工程	104 356.38	
1.2	A.9屋面及防水工程	2 668.05	
1.3	A.10保温、隔热、防腐工程	1 121.26	
1.4	A.11楼地面装饰工程	63 006.91	
1.5	A.12墙、柱面装饰与隔断、幕墙工程	71 436.51	
1.6	A.13天棚工程	36 721.35	
1.7	A.14油漆、涂料、裱糊工程	16 590.08	
2	措施项目	33 041.04	
2.1	其中：安全文明施工费	6 849.88	
2.2	其他措施费(费率类)	3 151.63	
2.3	单价措施费	23 039.53	
3	其他项目	84 000	—
3.1	其中：1)暂列金额	20 000	—
3.2	2)专业工程暂估价	64 000	—
3.3	3)计日工		—
3.4	4)总承包服务费		—
3.5	5)其他		—
4	规费	8 493.35	—
4.1	定额规费	8 493.35	—
4.2	工程排污费		—
4.3	其他		—
5	不含税工程造价合计	421 434.93	—
6	增值税	37 929.14	—
7	含税工程造价合计	459 364.07	—
招标控制价合计=1+2+3+4+6		459 364.07	

注：本表适用于单位工程招标控制价或投标报价的汇总，如无单位工程划分，单项工程也使用本表汇总。

表-04

分部分项工程和单价措施项目清单与计价表

工程名称："老人之家"项目装修工程　　标段：一标段　　第1页 共6页

序号	项目编码	项目名称	项目特征描述	计量单位	工程量	金额/元 综合单价	合价	其中 暂估价
			H 门窗工程				104 356.38	
1	010801002001	木质门带套	1. 成品单扇实木装饰门，无门头板	m^2	8.17	652.82	5 333.54	
2	010801002002	木质门带套	1. 成品双扇实木装饰门	m^2	3.66	610.66	2 235.02	
3	010801002003	木质门带套	1. 成品单扇实木装饰门，单侧门头板	m^2	5.81	688.5	4 000.19	
4	010801006001	门锁安装	1. 把手锁	个	8	57.33	458.64	
5	010802001001	金属（塑钢）门	1. 铝镁合金推拉门 2. 镶嵌 6 mm 钢化玻璃	m^2	12.96	564	7 309.44	
6	010807001001	金属（塑钢、断桥）窗	1. 灰色断桥铝合金推拉窗 2. 玻璃品种为 5+9A+5 钢化玻璃	m^2	142.38	552.1	78 608	
7	010808007001	成品木门窗套	1. 成品实木门套	m^2	2.03	155.08	314.81	
8	010809004001	石材窗台板	1. 20 厚度，1∶2水泥砂浆黏结层 2. 40 厚预制普通水磨石板	m^2	9.49	113.15	1 073.79	
9	010810001001	窗帘	1. 窗帘材质为遮光尼龙布 2. C1 窗帘高度 2 600、C2 窗帘高度 3 380，宽度按图示尺寸 3. 窗帘一层	m^2	80.29	42.03	3 374.59	
10	010810002001	木窗帘盒	1. 18 厘细木工板基层 2. 外贴 9.5 厚纸面石膏板	m	36.72	44.89	1 648.36	
			分部小计				104 356.38	
			J 屋面及防水工程				2 668.05	
11	010903002001	墙面涂膜防水	1 防水膜品种：聚氨酯防水涂料 2. 涂膜厚度：1.5 厚 3. 涂膜高度：1.5 m 高	m^2	38.01	32.36	1 230	
12	010904002001	涂膜防水楼地面	1. 防水膜品种：聚氨酯 2. 涂膜厚度、遍数：1.5 厚、三遍 3. 反边高度：1.5 m	m^2	31.78	45.25	1 438.05	
			分部小计				2 668.05	

续表

序号	项目编码	项目名称	项目特征描述	计量单位	工程量	金额/元		
						综合单价	合价	其中 暂估价
	K 保温、隔热、防腐工程						1 121.26	
13	011001005001	保温隔热楼地面	1. 保温部位:棋牌室、阅读书画室 2. 保温材料:50 厚干铺聚苯乙烯板	m^2	59.61	18.81	1 121.26	
	分部小计						1 121.26	
	L 楼地面装饰工程						63 006.91	
14	011101002001	现浇水磨石地面	1. 15 厚 1:2水泥彩色石子磨光打蜡 2. 素水泥浆一道 3. 20 厚 1:3水泥砂浆找平层,干后安装玻璃分格条 4. 素水泥浆一道	m^2	180.17	140.43	25 301.27	
15	011102003001	块料楼地面	1. 找平层:15 厚干混地面砂浆 DS M20 2. 面层:300×300×8 防滑地砖铺贴,白水泥勾缝 3. 结合层:素水泥浆一道 4. 基层:聚氨酯防水涂料填充材料	m^2	23.67	118.69	2 809.39	
16	011103003001	塑胶地板	1. 面层:3 厚硬质塑胶地板,专用胶黏剂粘贴 2. 找平层:20 厚干混地面砂浆 DS M20 找平	m^2	86.57	82.15	7 111.73	
17	011104002001	木地板	1. 面层:12 厚成品实木复合地板 2. 基层:50 厚干铺聚苯乙烯板	m^2	59.38	435.19	25 841.58	
18	011105003001	陶瓷地砖踢脚线	1. 踢脚线高度:100 mm 2. 基层材料:1:2水泥砂浆粘贴 3. 踢脚线粘贴材料:陶瓷地砖	m^2	10.07	94.7	953.63	
19	011105005001	实木踢脚线	1. 踢脚线高度:100 mm 2. 踢脚线材质:成品实木踢脚线	m^2	12.89	76.75	989.31	
	分部小计						63 006.91	

续表

序号	项目编码	项目名称	项目特征描述	计量单位	工程量	金额/元		
						综合单价	合价	其中 暂估价
		M 墙、柱面装饰与隔断、幕墙工程					71 436.51	
20	011201001001	墙面一般抹灰	1. 墙体类型:砌体墙 2. 刷素水泥浆基层处理 3. 干混抹灰水泥砂浆 DP M10 (14+6) mm 找平	m^2	154.11	26.6	4 099.33	
21	011201004001	立面砂浆找平层	1. 基层类型:砌体墙 2. 15 厚干混抹灰砂浆 DP M10 找平	m^2	37	23.51	869.87	
22	011202001001	柱面一般抹灰	1. 刷素水泥浆基层处理 2. 干混抹灰砂浆 DP M10(14+6) mm 找平	m^2	65.84	33.91	2 232.63	
23	011204003001	块料墙面	1. 刷素水泥浆基层处理 2. 6 厚水泥砂浆保护层 3. 粉状型建筑胶黏剂粘贴层 4. 10 厚 450×600 的白色釉面砖	m^2	90.85	145.23	13 194.15	
24	011204003002	块料墙面	1. 75×40 轻钢龙骨,中距 300 mm 2. 螺固水泥板 3. 挂钢丝网,粉刷找平 4. 粉状型建筑胶黏剂粘贴层 5. 10 厚 450×600 的白色釉面砖	m^2	6.94	342.38	2 376.12	
25	011207001001	墙面装饰板	1. 75×40 轻钢龙骨,中距 300 mm 2. 内部密实填充隔音岩棉 3. 双侧单层铺钉 9.5 厚石膏板	m^2	124.29	148.79	18 493.11	
26	011207001002	墙面装饰板	1. 75×40 轻钢龙骨,中距 300 mm 2. 螺固水泥板	m^2	25.52	179.54	4 581.86	
27	011208001001	柱面装饰	1. 75×40 轻钢龙骨,中距 300 mm 2. 内部密实填充隔音岩棉 3. 单侧单层铺钉 9.5 厚石膏板	m^2	11.11	148.79	1 653.06	
28	011208001002	假梁面装饰	1. 方木单层楞龙骨 2. 直径 8 mm 吊筋 3. 18 厚细木工板 4. 10 厚纸面石膏板	m^2	32.46	69.12	2 243.64	

续表

序号	项目编码	项目名称	项目特征描述	计量单位	工程量	金额/元		
						综合单价	合价	其中 暂估价
29	011209001001	带骨架幕墙	1. 100系列隐框铝合金幕墙龙骨,中距700 2. 面层为6+9A+6钢化蓝灰色镀膜玻璃 3. 带副框粘贴固定 4. 上悬式开启隐蔽窗	m^2	9.05	575.6	5 209.18	
30	011210003001	玻璃隔断	1. 100×80不锈钢框 2. 12 mm厚钢化玻璃隔断	m^2	64.42	233.35	15 032.41	
31	011210005001	成品隔断	1. 1.8 m高抗倍特板成品厕位隔断	m^2	19.69	73.7	1 451.15	
			分部小计				71 436.51	
			N 天棚工程				36 721.35	
32	011301001001	天棚抹灰	1. 基层类型:混凝土 2. 刷素水泥浆基层处理 3. 10 mm厚干混抹灰水泥砂浆DP M10找平压光	m^2	358.24	22.24	7 967.26	
33	011302001001	矿棉板装饰板吊顶	1. 矿棉板平顶,6 mm通丝吊杆 2. U50轻钢主龙骨中距900,T烤漆龙骨中距600 3. 15厚600×600矿棉装饰板	m^2	109.76	103.9	11 404.06	
34	011302001002	纸面石膏板吊顶	1. 平顶,6 mm通丝吊杆 2. 装配式U50形轻钢龙骨450×450 3. 螺固9.5厚普通纸面石膏板面层	m^2	113.12	86.87	9 826.73	
35	011302001003	铝扣板集成吊顶	1. 铝扣板平顶,6 mm通丝吊杆 2. U50轻钢主龙骨中距900,三角龙骨中距300 3. 300×300铝扣板集成安装	m^2	13.74	136.05	1 869.33	

续表

序号	项目编码	项目名称	项目特征描述	计量单位	工程量	金额/元		
						综合单价	合价	其中 暂估价
36	011302002001	格栅吊顶	1. U50 轻钢主龙骨中距 900,6 mm 通丝吊杆 2. 40×100×100 白色铝合金格栅顶	m^2	101. 91	55. 48	5 653. 97	
			分部小计				36 721. 35	
		P 油漆、涂料、裱糊工程					16 590. 08	
37	011403002001	窗帘盒油漆	1. 大芯板封石膏板基层 2. 批二遍腻子刷白色乳胶漆二遍	m	35. 62	24. 15	860. 22	
38	011407001001	墙面喷刷涂料	1. 墙柱水泥砂浆抹灰基层 2. 批二遍腻子刷白色乳胶漆二遍	m^2	237. 32	20. 38	4 836. 58	
39	011407001002	墙面喷刷涂料	1. 隔墙等石膏板基层 2. 批二遍腻子刷白色乳胶漆二遍	m^2	203. 80	20. 38	4 153. 44	
40	011407001003	墙面喷刷涂料	1. 墙柱水泥砂浆抹灰基层 2. 喷黑色乳胶漆三遍(无腻子)	m^2	30. 85	7. 55	232. 92	
41	011407002001	天棚喷刷涂料	1. 吊顶石膏板基层 2. 批二遍腻子刷白色乳胶漆二遍	m^2	146. 14	24. 15	3 529. 28	
42	011407002002	天棚喷刷涂料	1. 结构天棚水泥砂浆抹灰基层 2. 喷黑色乳胶漆三遍(无腻子)	m^2	107. 09	8. 48	908. 12	
43	011407006001	木材构件喷刷防火涂料	1. 大芯板刷防火涂料三遍	m^2	60. 99	16. 81	1 025. 24	
44	011408001001	墙纸裱糊	1. 隔墙石膏板基层 2. 批二遍腻子贴墙布	m^2	21. 67	48. 19	1 044. 28	
			分部小计				16 590. 08	

续表

序号	项目编码	项目名称	项目特征描述	计量单位	工程量	金额/元		
						综合单价	合价	其中
								暂估价
			S 措施项目				23 039.53	
45	011701001001	综合脚手架	1. 建筑结构形式:框架结构 2. 檐口高度:3.9 m 3. 室内高度:3.8 m	m^2	382.78	60.19	23 039.53	
			合计				23 039.53	

注:为计取规费等的使用,可在表中增设其中:"定额人工费"。

表-08

总价措施项目清单与计价表

工程名称:“老人之家”项目装修工程　　标段:一标段　　第 1 页 共 1 页

序号	项目编码	项目名称	计算基础	费率/%	金额/元	调整费率/%	调整后金额/元	备注
1	011707001001	安全文明施工费	分部分项安全文明施工费+单价措施安全文明施工费		6 849.88			
2	01	其他措施费(费率类)			3 151.63			
2.1	011707002001	夜间施工增加费	分部分项其他措施费+单价措施其他措施费	25	787.91			
2.2	011707004001	二次搬运费	分部分项其他措施费+单价措施其他措施费	50	1 575.81			
2.3	011707005001	冬雨季施工增加费	分部分项其他措施费+单价措施其他措施费	25	787.91			
3	02	其他(费率类)						
合计					10 001.51			

编制人(造价人员):×××　　复核人(造价工程师):×××

表-11

其他项目清单与计价汇总表

工程名称:"老人之家"项目装修工程　　标段:一标段　　第 1 页 共 1 页

序号	项目名称	金额/元	结算金额/元	备注
1	暂列金额	20 000		明细详见表-12-1
2	暂估价	64 000		
2.1	材料(工程设备)暂估价	—		明细详见表-12-2
2.2	专业工程暂估价	64 000		明细详见表-12-3
3	计日工			明细详见表-12-4
4	总承包服务费			明细详见表-12-5
	合计	84 000		—

注:材料(工程设备)暂估单价进入清单项目综合单价,此处不汇总。

表-12

暂列金额明细表

工程名称:“老人之家”项目装修工程　　标段:一标段　　第1页 共1页

序号	项目名称	金额/元	结算金额/元	备注
1	工程量清单中工程量偏差和设计变更	项	10 000	
2	政策性调整和材料价格风险	项	10 000	
	合计		20 000	—

注:此表由招标人填写,如不能详列,也可只列暂列金额总额,投标人应将上述暂列金额计入投标总价中。

表-12-1

材料(工程设备)暂估单价及调整表

工程名称:“老人之家”项目装修工程　　标段:一标段　　第1页 共1页

序号	材料(工程设备)名称、规格、型号	计量单位	数量		暂估/元		确认/元		差额±/元		备注
			暂估	确认	单价	合价	单价	合价	单价	合价	
	合计										

注:此表由招标人填写“暂估单价”,并在“备注”栏说明暂估价的材料、工程设备拟用在哪些清单项目上,投标人应将上述材料、工程设备暂估单价计入工程量清单综合单价报价中。

表-12-2

专业工程暂估价表

工程名称:“老人之家”项目装修工程　　标段:一标段　　第1页 共1页

序号	工程名称	工程内容	暂估金额/元	结算金额/元	差额±/元	备注
1	给排水安装改造	给排水管道及洁具安装	16 000			
2	电气照明安装工程	线路敷设及照明器具安装	48 000			
合计			64 000			—

注:此表“暂估金额”由招标人填写,投标人应将“暂估金额”计入投标总价中。结算时按合同约定结算金额填写。

表-12-3

计日工表

工程名称:"老人之家"项目装修工程　　标段:一标段　　第1页 共1页

编号	项目名称	单位	暂定数量	实际数量	综合单价/元	合价	
						暂定	实际
1	人工				300		
1.1							
人工小计							
2	材料						
2.1							
材料小计							
3	施工机械						
3.1							
施工机械小计							
4.企业管理费和利润							
总计							

注:此表项目名称、暂定数量由招标人填写,编制招标控制价时,单价由招标人按有关计价规定确定;投标时,单价由投标人自主报价,按暂定数量计算合价计入投标总价中。结算时,按发承包双方确认的实际数量计算合价。

表-12-4

总承包服务费计价表

工程名称:“老人之家”项目装修工程　　标段:一标段　　第1页 共1页

序号	项目名称	项目价值/元	服务内容	计算基础	费率/%	金额/元
1	发包人供应材料					
2	发包人采购设备					
3	发包人专业工程					
	合计					

注:此表项目名称、服务内容由招标人填写,编制招标控制价时,费率及金额由招标人按有关计价规定确定;投标时,费率及金额由投标人自主报价,计入投标总价中。

表-12-5

规费、税金项目计价表

工程名称:“老人之家”项目装修工程　　标段:一标段　　第1页 共1页

序号	项目名称	计算基础	计算基数	计算费率/%	金额/元
1	规费	定额规费+工程排污费+其他	8 493.35		8 493.35
1.1	定额规费	分部分项规费+单价措施规费	8 493.35		8 493.35
1.2	工程排污费				
1.3	其他				
2	增值税	不含税工程造价合计	421 434.93	9	37 929.14
合计					47 986.64

编制人(造价人员):×××　　复核人(造价工程师):×××

表-13

主要材料价格表

工程名称："老人之家"项目装修工程　　　　第1页 共1页

序号	材料编码	材料名称	规格、型号等特殊要求	单位	数量	单价	合价
1	01000126	不锈钢型材		kg	265.242 264	22	5 835.33
2	01490101	铝格栅(含配件)	125×125×4.5	m^2	107.688	32.12	3 458.94
3	02110163@1	3厚硬质塑胶地板		m^2	90.898 5	25	2 272.46
4	06050116	钢化玻璃	δ12	m^2	67.641	80	5 411.28
5	07030116	面砖	800 mm×800 mm	m^2	92.169	75	6 912.68
6	07230101	复合木地板		m^2	62.349	235	14 652.02
7	09010131	纸面石膏板		m^2	439.907	13	5 718.79
8	09070101	矿棉板(岩棉板)		m^2	115.248	45	5 186.16
9	09090106	FC板	300 mm×600 mm×8 mm	m^2	68.166	48.6	3 312.87
10	10010121	镀锌轻钢龙骨	75 mm×50 mm	m	398.136	10.2	4 060.99
11	10010205	轻钢龙骨不上人型(平面)450×450		m^2	118.776	22	2 613.07
12	11010141	单扇套装平开实木门		樘	8.17	1 250	10 212.5
13	11010141@2	成品单扇实木装饰门,单侧门头板		樘	5.81	1 450	8 424.5
14	11010146	双扇套装平开实木门		樘	3.66	2 100	7 686
15	11090141	铝合金隔热断桥推拉门(含中空玻璃)		m^2	12.568 608	474.5	5 963.8
16	11090226	铝合金隔热断桥推拉窗(含中空玻璃)		m^2	135.873 234	464.5	63 113.12
17	14410181	硅酮耐候密封胶		kg	149.198 363	41.53	6 196.21
18	14410219	聚氨酯发泡密封胶(750 mL/支)		支	216.142 576	23.3	5 036.12
19	16051010	袋装矿棉(岩棉)50 mm		m^2	130.504 5	20	2 610.09
20	34050133	泡沫防潮纸		m^2	65.318	95	6 205.21

【拓展学习】

请参阅招标控制价的实际工程案例，结合建筑工程预算软件，参照最新的价格指标编制“老人之家”招标控制价。

【技能训练】

1. 依据实际建筑装饰施工图纸编制相应的招标控制价造价文件。

2. 装饰工程工程量清单的编制可以按规范的附录顺序进行编写，也可以按房间组合，请按照房间编制本工程的招标控制价造价文件。

【学后反思】

梳理本任务知识技能体系，构建知识图谱，参照附录1综合评价表完成自我评价，并完成一份学后反思总结。

附 录

附录1 综合评价表

班级		组名		姓名		日期	
评价指标	评价内容					星级评定	
信息素养	能有效利用实践调研、网络、图书资源、工作手册查找有用的相关信息;能用自己的语言有条理地解释、表述所学知识;捕捉新工艺、新技术、新材料的认知能力					☆☆☆☆☆	
学习态度	积极主动参与任务,能吃苦耐劳,崇尚劳动光荣、技能宝贵;与教师、同学之间是否相互尊重、理解、平等;与教师、同学之间是否能够保持多向、丰富、适宜的信息交流					☆☆☆☆☆	
学习能力	探究式学习、自主学习不流于形式,处理好合作学习和独立思考的关系,做到有效学习;能提出有意义的问题或发表个人见解;能按要求正确实操;能够倾听别人意见、协作共享					☆☆☆☆☆	
学习收获	梳理掌握本任务知识点和技能点;依据规范,结合图纸,利用相关知识点解决实际工程问题					☆☆☆☆☆	
思维方法	学习方法得体,学会借鉴,有工作计划;实操技能是否符合规范要求;是否获得了进一步学习的能力;应用理论分析解决实际问题的能力,科学思维方法的应用					☆☆☆☆☆	
工作过程	遵守管理规程,平时上课的出勤情况和每天完成任务情况;善于多角度分析问题,能主动发现、提出有价值的问题					☆☆☆☆☆	
思想状态	价值观的塑造、强化,人文素养的提升,职业道德的理解					☆☆☆☆☆	
综合评定							

附录2 图 纸

此部分内容可扫二维码查看。

图 纸

参考文献

[1] 中华人民共和国住房和城乡建设部. 建设工程工程量清单计价规范:GB 50500—2013[S]. 北京:中国计划出版社,2013.
[2] 中华人民共和国住房和城乡建设部. 房屋建筑与装饰工程工程量计算规范:GB 50854—2013[S]. 北京:中国计划出版社,2013.
[3] 规范编制组. 2013 建设工程计价计量规范辅导[M]. 北京:中国计划出版社,2013.
[4] 中华人民共和国住房和城乡建设部. 建筑工程建筑面积计算规范:GB/T 50353—2013[S]. 北京:中国计划出版社,2014.
[5] 河南省工程建设标准设计管理办公室. 河南省工程建设标准设计:DBJ/T 19-07—2012[S]. 北京:中国建材工业出版社,2013.
[6] 河南省房屋建筑与装饰工程预算定额:HA01-31—2016[S]. 北京:中国建筑工业出版社,2016.
[7] 包永刚,赵淑萍. 房屋建筑与装饰工程计量与计价[M]. 郑州:黄河水利出版社,2015.
[8] 邵正荣. 建筑工程量清单计量与计价[M]. 郑州:黄河水利出版社,2010.
[9] 王起兵. 建筑装饰工程计量与计价[M]. 北京:机械工业出版社,2011.
[10] 王秀英,郭晶,斯庆. 装饰工程计量与计价[M]. 北京:机械工业出版社,2019.
[11] 谢洪. 建筑装饰工程计量与计价[M]. 北京:中国建筑工业出版社,2021.

